"十四五"国家重点出版物出版规划项目

中国生态博物丛书

CHINESE ECOLOGY SERIES

管开云 总主编

Yellow Sea with Bohai Gulf

黄渤海卷

李新正 隋吉星 主 编

北京出版集团
北京出版社

何　俊（中国科学院武汉植物园）

何兴元（中国科学院沈阳应用生态研究所）

李清霞（北京出版集团有限责任公司）

李文军（中国科学院新疆生态与地理研究所）

李新正（中国科学院海洋研究所）

连喜平（中国科学院南海海洋研究所）

刘贵华（中国科学院武汉植物园）

刘　可（北京出版集团有限责任公司）

刘　演（广西壮族自治区·中国科学院广西植物研究所）

牛　洋（中国科学院昆明植物研究所）

上官法智（云南一木生态文化传播有限公司）

隋吉星（中国科学院海洋研究所）

谭烨辉（中国科学院南海海洋研究所）

王喜勇（中国科学院新疆生态与地理研究所）

王英伟（中国科学院植物研究所）

吴金清（中国科学院武汉植物园）

吴玉虎（中国科学院西北高原生物研究所）

邢小宇（秦岭国家植物园）

许智宏（联合国教科文组织人与生物圈计划中国国家委员会）

杨　梅（中国科学院昆明植物研究所）

杨　扬（中国科学院昆明植物研究所）

张先锋（中国科学院水生生物研究所）

周岐海（广西师范大学）

周义峰（江苏省·中国科学院植物研究所）

朱建国（中国科学院昆明动物研究所）

朱　琳（秦岭国家植物园）

朱仁斌（中国科学院西双版纳热带植物园）

中国生态博物丛书　黄渤海卷

主　编

李新正（中国科学院海洋研究所）

隋吉星（中国科学院海洋研究所）

编　委
（按姓氏音序排列）

董　栋（中国科学院海洋研究所）

甘志彬（中国科学院海洋研究所）

龚　琳（中国科学院海洋研究所）

韩庆喜（宁波大学）

寇　琦（中国科学院海洋研究所）

李宝泉（中国科学院烟台海岸带研究所）

李新正（中国科学院海洋研究所）

马　林（中国科学院海洋研究所）

隋吉星（中国科学院海洋研究所）

孙忠民（中国科学院海洋研究所）

王金宝（中国科学院海洋研究所）

王全超（中国科学院烟台海岸带研究所）

徐　勇（中国科学院海洋研究所）

杨　梅（中国科学院海洋研究所）

周　进（中国水产科学研究院东海水产研究所）

摄　影

（按姓氏音序排列）

董　栋	甘志彬	龚　琳	韩庆喜	寇　琦	李宝泉
李新正	马　林	孟祥磊	全为民	史赟荣	隋吉星
孙忠民	王金宝	王全超	王少青	王晓晨	徐　勇
杨　梅	俞锦辰	张寒野	张　硕	张　涛	周　进

主编简介

管开云，理学博士、研究员、博士生导师，花卉资源学家、保护生物学专家、国际知名的秋海棠和茶花研究专家。现任中国科学院新疆生态与地理研究所伊犁植物园主任、新疆自然博物馆馆长、国际茶花协会主席、中国环境保护协会生物多样性委员会副理事长、中国植物学会植物园分会副理事长、全国首席科学传播专家等职。主要从事植物分类学、植物引种驯化和保护生物学研究。发表植物新种14个，注册植物新品种30个，获国家发明专利10项，发表论文200余篇，出版论（译）著24部。获全国环境科技先进工作者、全国环保科普创新奖和全国科普先进工作者等荣誉和表彰，享受国务院特殊津贴。

李新正，中国科学院海洋研究所二级研究员、博士生导师，中国科学院大学岗位教授。长期从事海洋生物学、海洋生态学、无脊椎动物分类系统学、甲壳动物学、深海生物学研究。兼职国际海洋生物普查计划(CoML)科学计划委员会委员、国际甲壳动物学会执行理事、中国动物学会常务理事兼甲壳动物学分会理事长、中国海洋湖沼学会理事兼底栖生物学分会副理事长、《中国动物志》编委等。发表学术专著8部，译著2部，科普专著7部；学术论文500余篇；授权发明专利4项。主持并完成国家、省、市级项目数十项。是第一位乘坐"蛟龙"号载人深潜器探险深海的大陆海洋生物学科技工作者。

隋吉星，中国科学院海洋研究所副研究员、理学博士。研究方向为海洋生物学，主要从事海洋生物多样性、环节动物多毛类的分类学与系统演化、动物地理学和海洋大型底栖生物生态学研究。在国际主流期刊发表科研论文30余篇（第一作者15篇），参与撰写和翻译著作3部，主持和完成国家自然科学基金2项、中国大洋矿产资源研究开发协会课题1项，参与科技部基础性工作专项、自然资源部海洋公益性项目以及中国科学院先导专项等项目。

党的十八大以来，以习近平生态文明思想为根本遵循和行动指南，我国生态文明建设从认识到实践已发生了历史性的转折和全局性的变化，全党全国推动绿色发展的自觉性和主动性显著增强，美丽中国建设迈出重大步伐。

"中国生态博物丛书"就是在这个大背景下着手策划的，本套书通过千万余字、数万张精美图片生动展示了在辽阔的中国境内的各种生态环境和丰富的野生动植物资源，全景展现了党的十八大以来，中国生态环境保护取得的伟大成就，绘就了一幅美丽中国"绿水青山"的壮阔画卷！

习近平主席在2020年9月30日联合国生物多样性峰会上的讲话中说："我们要站在对人类文明负责的高度，尊重自然、顺应自然、保护自然，探索人与自然和谐共生之路，促进经济发展与生态保护协调统一，共建繁荣、清洁、美丽的世界。"又说："中国坚持山水林田湖草生命共同体，协同推进生物多样性治理。"[1]这些论述深刻阐释了推进生态文明建设的重大意义，生态文明建设是经济持续健康发展的关键保障，是民意所在、民心所向。

组成地球生物圈的所有生物（动物、植物、微生物）与其环境（土壤、水、气候等）组合在一起，形成彼此相互依存、相互制约，且通过能量循环和物质交换构成的一个完整的物质能量运动系统，这便是我们一切生物赖以生存的生态系统。人类生存的地球是一个以各种生态类型组成的绚丽多姿、生机勃勃的生物世界。从赤日炎炎的热带雨林到冰封万里的极地苔原，从延绵起伏的群山峻岭、高山峡谷到茫茫无际的江河湖海，到处都有绿色植物和藏匿于其中的动物的踪迹，还有大量的真

---

[1]　《习近平在联合国生物多样性峰会上的讲话》，新华网，2020年9月30日。

菌和细菌等微生物。生存在各类生态环境中的绿色植物、动物和大量的微生物，为地球上的生命提供了充足的氧气和食物，从而使得人类社会能持续发展到今天，创造出高度的文明和科学技术。但是，自工业革命以来，随着全球人口的迅速增长和生产力的发展，人类过度地开发利用天然资源，导致森林面积不断减少，大气、土壤、江湖和海洋污染日趋严重，生态环境加速恶化，生物多样性在各个层次上均在不断减少，自然生态平衡受到了猛烈的冲击和破坏。因此，保护生态环境、保护生物多样性也就是保护我们人类赖以生存的家园。

生态环境保护就是研究和防止由于人类生活、生产建设活动使自然环境恶化，进而寻求控制、治理和消除各类因素对环境的污染和破坏，并努力改善环境、美化环境、保护环境，使它更好地适应人类生活和工作需要。换句话说，生态环境保护就是运用生态学和环境科学的理论和方法，在更好地合理利用自然资源的同时，深入认识环境破坏的根源及危害，有计划地保护环境，预防环境质量恶化，控制环境污染，促进人与自然的协调发展，提高人类生活质量，保护人类健康，造福子孙后代。

我国位于地球上最辽阔的欧亚大陆的东部，幅员辽阔，东自太平洋西岸，西北深处欧亚大陆的腹地，西南与欧亚次大陆接壤。由于我国地域广阔，有多样的气候类型和各种的地貌类型，南北跨热带、亚热带、暖温带、温带和寒温带，自然条件多样复杂，所形成的生态系统类型异常丰富。从森林、草原到荒漠，以及从热带雨林到寒温带针叶林，应有尽有，加上西南部又拥有地球上最高的青藏高原的隆起，形成了世界上独一无二的大面积高寒植被。此外，我国还有辽阔的海洋和各种海洋生物所组成的海洋生态系统。可以讲，除典型的赤道热带雨林外，地球上大多数植被类型均可在中国的国土上找到，这是其他国家所不能比拟的。所有这些，都为各种生物种类的形成和繁衍提供了各类生境，使中国成为全球生态类型和生物多样性最为丰富的国家之一。

然而，在以往出版的图书中，尚未见到一套全面系统地介绍中国各种生态类型的生态环境，以及相应环境中各类生物物种的大型综合性图书。

"中国生态博物丛书"以中国生态系统为主线，围绕中国主要植被类型，结合各种生态景观对我国主要植被生态类型，以及构成这些生态系统的植物（包括藻类）、动物和微生物进行全面系统的介绍。在对某个物种进行介绍时，对所介绍的物种在该地理区域的生态位、生态功能、物种之间的相互依存和竞争关系、生态价值和经济价值进行科学、较全面和生动的介绍。读者可以通过本丛书，学习和了解中国主要植被类型、生态景观和生物物种多样性等方面的相关知识。本套丛书共分21卷，由国内30多家科研单位和大学数百位科学工作者共同编著完成。本书的编写出版填补了中国图书，特别是高级科普图书在这一领域的空白。

本套丛书图文并茂、科学内容准确、语言生动有趣、图片精美少见，是各级党政领导干部、公务员，从事生态学、植物学、动物学、保护生物学和园艺学等专业的科技工作者，大、中学校教师和学生及普通民众难得的一套好书。在此，谨对该丛书的出版表示祝贺，也对参与该丛书编写的科研机构的科学工作者和高校老师表示感谢。我相信，该丛书的出版将有助于提高中国公民的科学素养和环保意识，也有助于提升各级领导干部在相关领域的科学决策能力，为中国生态文明和美丽中国建设做出贡献，也为中国生态环境研究和保护提供各种有价值的信息，以及难得的精神食粮。

人不负青山，青山定不负人。生态文明建设是关系中华民族永续发展的千年大计，要像保护眼睛一样保护自然和生态环境，为建设人与自然和谐共生的现代化注入源源不竭的动力。期待本套丛书能为建成"青山常在、绿水长流、空气常新"的"美丽中国"贡献一份力量！

许智宏

许智宏
中国科学院院士
北京大学生命科学学院教授
北京大学原校长
中国科学院原副院长
联合国教科文组织人与生物圈计划中国国家委员会主席

2020年11月

　　黄海通过渤海海峡与渤海相连，东部由济州海峡与朝鲜海峡相通，南以中国长江口北岸启东角到韩国济州岛西南角连线与东海分界。黄海平均水深44 m，海底比较平坦，最深处140 m，大部分水深不超过60 m。黄渤海海岸线狭长，具有多种不同的生态环境类型，物种主要为暖温带性，以温带种占优势，也有一定数量的暖水种。海洋游泳动物中鱼类占主要地位，主要经济鱼类有小黄鱼、带鱼、鲐鱼、鲅鱼、黄姑鱼、鳓鱼、太平洋鲱鱼、鲳鱼、鳕鱼等。此外，还有金乌贼、枪乌贼等头足类软体动物。渤海是一个近封闭的内海，由辽东湾、渤海湾、莱州湾和中央海盆组成，东面以辽东半岛的老铁山角，经庙岛至山东半岛北端的蓬莱角的连线与黄海相通。渤海沿岸江河纵横，有大小河流40条，入海的主要河流有黄河、辽河、滦河和海河。海底地势由沿岸向中央缓慢变深，呈盆状，地形单调平缓，形成渤海沿岸三大水系和三大海湾生态系统。入海河流每年挟带大量泥沙堆积于三个海湾，在湾顶处形成宽广的辽河三角洲湿地、黄河三角洲湿地、海河三角洲湿地，年造陆达20 km^2。湿地生物种类繁多，植物有芦苇、水葱、碱蓬、三棱藨草和藻类等。渤海沿岸河口浅水区营养盐丰富，饵料生物繁多，是经济鱼、虾、蟹类的产卵场、育幼场和索饵场。渤海中部深水区既是黄渤海经济鱼、虾、蟹类洄游的集散地，又是渤海地方性鱼、虾、蟹类的越冬场。

　　本书为"中国生态博物丛书"中的一卷，通过图片和简要的文字，介绍和展示了黄渤海不同生态系统的生态环境类型，海洋生态系统的功能与服务，海洋生物多样性面临的威胁，生物多样性的保护以及常见生物图鉴等内容，整合图片和文字对黄渤海中的常见物种进行全面系统的介绍。

　　本书由来自中国科学院海洋研究所、中国科学院烟台海岸带研究所、中国水产科学研究院东海水产研究所、宁波大学等多家机构的几十位学者共同完成，全书由中国科学院海洋研究所李新正研究员、隋吉星副研究员统稿。概述部分由中国科学院烟台海岸带研究所李宝泉研究员、王全超博士，中国科学院海洋研究所董栋副研究员、王金宝博士、杨梅博士、徐勇博士，中国水产科学研究院东海水产研究所周进研究员共同完成。常见物种部分的藻类部分由中国科学院海洋研究所孙忠民副研究员完成；刺胞动物、海绵动物和棘皮动物部分由中国科学院海洋研究所龚琳博士完成；环节动物部分由中国科学院海洋研究所隋吉星副研究员完成；软体动物部分由中国科学院烟台海岸带研究所李宝泉研究员完成；甲壳动物部分由中国科学院海洋研究员、马林副研究员、寇琦副研究员、甘志彬副研究员共同完成；半索动物、尾索动物、头索动物部分由中国科学院海洋研究所杨梅博士完成；脊索动物部分由中国水产科学研究院东海水产研究所周进研究员、宁波大学韩庆喜副教授共同完成。在野外考察和资料整理过程中，得到中国科学院战略性先导科技专项子课题"近海潜在致灾生物暴发风险与灾害防控"（XDA23050304），国家自然科学基金面上项目"中国海蛰龙介亚目分类学与系统发育研究"（31872194）等项目的资助。本书中图片来源为长期在科研一线工作的多位科研人员所提供，在此一并表示衷心感谢！

衷心感谢北京出版集团将本书列入重点出版物出版规划，为本书的编辑出版提供各种便利和指导，感谢李清霞女士、刘可先生、杨晓瑞女士等人的热情付出和帮助！

本书涉及类群较多，鉴于编者的知识水平有限，错误和遗漏之处在所难免，欢迎读者批评指正，以便再版时修改完善。

李新正　　隋吉星

于青岛
2023年12月

目 录

第一章 概述

第二章　常见物种

第一章

概述

Chapter One

一、主要生境类型

（一）黄海与渤海

黄海是一个半封闭大陆架边缘海，位于中国与朝鲜半岛之间。北方与渤海相通，以老铁山角和蓬莱角的连线为边界。南方与东海相邻，以中国启东角和韩国济州岛的连线为边界。东南方向与日本海相通。黄海面积大约有380000 km²，海底地势平坦，平均水深为44 m，最深处可达到140 m。通常将中国山东半岛成山角和朝鲜半岛的长山串的连线作为北黄海和南黄海的分界线，北黄海较浅，平均水深为38 m，南黄海较深，平均水深为46 m。黄海海域两岸有胶州湾、海州湾、朝鲜湾、江华湾等大型海湾和众多的小海湾。东海北部海域为大陆架边缘浅海，毗邻黄海。黄海和东海北部海域受黄海冷水团、黄海暖流、长江冲淡水和东海沿岸流等影响，饵料丰富，是我国重要的渔业海域，存在多个鱼、虾、蟹类的产卵场、索饵场、越冬场和育幼场。

渤海是我国的内海，海域面积达77284 km²，平均水深18.7 m，95%以上的海域水深小于30 m，水体交换周期约为1.6年。渤海主要由辽东湾、渤海湾、莱州湾、渤中洼地以及渤海海峡组成，总体呈现三湾向渤海海峡倾斜、渤中隆起的态势，流入渤海的河流主要有黄河、海河、滦河、辽河和小清河等，河流入海口附近沉积物较细，多为泥质粉沙，渤海的中央盆地沉积物以细沙为主。渤海通过渤海海峡与北黄海相连，渤海海峡的水体交换表现为"南出北进，夏强冬弱"的特点，冬季的底层水体交换较弱。渤海具有独立的旋转潮波系统，潮流以半日潮流为主，渤海湾、辽东湾、渤海海峡北部潮流较强。

黄渤海交界

（二）海岸

　　中国大陆海岸线北起中朝界河鸭绿江江口，南至中越界河北仑河河口，呈一向东南凸出的弧形，长度约为18400 km。若将岛屿岸线一并计入，则我国海岸线全长约为34000 km。中国海岸线曲折漫长，海岸类型多样。遵循按形态、成因、物质组成和发育阶段的分类原则，我国海岸共划分为五大类：基岩海岸、沙砾质海岸、淤泥质海岸、珊瑚礁海岸和红树林海岸。黄渤海沿岸主要由基岩海岸、沙砾质海岸和淤泥质海岸组成。

山东烟台南隍岛基岩海岸

河北秦皇岛沙砾质海岸

山东东营淤泥质海岸

（三）河口

　　河口位于河流和海洋唇齿相依的地带，是水圈、岩石圈、生物圈、大气圈及人类圈相互影响、相互制约最为敏感和活跃的区域，是一个高度动态的自然综合体。河口区域的生境通常具有高度异质性，如黄河口包括光滩、盐沼湿地、潮沟和牡蛎礁等类型的栖息地。黄渤海范围内包括鸭绿江、黄河、海河、滦河、辽河和小清河等较大规模的入海河口。

山东青岛鳌山卫河口

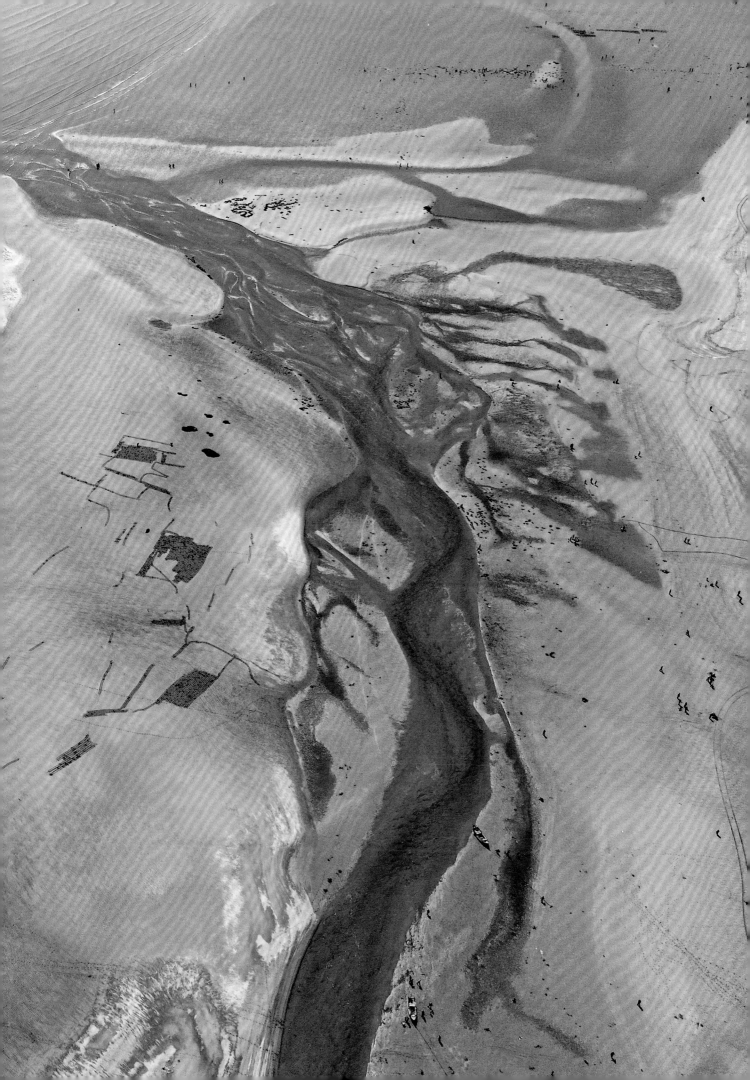

远眺青岛湾

（四）海湾

　　海湾是一片三面环陆的海洋，包括"U"形及圆弧形等形态，以湾口附近两个对应海角的连线作为海湾最外部的分界线。海湾内波浪辐散，风浪扰动小，水体平静，易于泥沙堆积，是人类从事海洋经济活动及发展旅游业的重要基地。近几十年

来，高强度人类活动导致海湾生态环境恶化、生态系统失衡，已严重威胁到海岸带地区经济和社会的可持续发展。营养物质输入是人类活动影响海湾生态环境的关键因素。黄渤海沿岸较大的海湾包括辽东湾、渤海湾、莱州湾、胶州湾，小型的海湾则有很多，数不胜数。

（五）海岸潟湖

　　海岸潟湖是海岸地带由堤岛或沙嘴与外海隔开的平静的浅海水域。它和外海之间常有一条或几条水道沟通。由于潟湖地处海陆相交的特殊地带，受河流和海水的共同影响，因而在水文特征和沉积作用上都具有特殊性。海岸潟湖水深一般不足 10 m，呈

山东荣成天鹅湖

狭长带状平行于沙堤延伸，在内侧滨海低地，常有盐沼分布，沙堤内侧为平缓潮滩。潟湖常由一条或几条水道与外海连通或高潮时与外海相连。在潮流入口处，泥沙随潮而入，水道内侧形成涨潮三角洲，在水道外侧形成落潮三角洲。黄渤海沿岸比较大的潟湖主要有河北省秦皇岛市的七里海潟湖和山东省荣成市的天鹅湖。

山东威海渔码头

（六）港口码头

　　根据《中华人民共和国港口法》第三条的规定，港口是指具有船舶进出、停泊、靠泊，旅客上下，货物装卸、驳运、储存等功能，具有相应的码头设施，由一定范围的水域和陆域组成的区域。港口的基本功能是完成旅客和货物在不同运输方式之间的转换。港口的功能包括运输功能、贸易功能、商业功能和工业功能等。港口按照面向服务的船舶的类型，一般可分为集装箱港口、通用货物港口以及客运港口三大类。

（七）人工岸线

　　随着海岸和近岸海域的开发利用，我国沿海人工岸线增加显著，自然海岸线随之缩减。按《我国近海海洋综合调查与评价：海岸线修测技术规程》（国家海洋局908专项办公室编）的规定，人工岸线指由永久性人工建筑物组成的岸线。黄渤海沿海较为典型的人工岸线包括防波堤、防潮堤、护坡、挡浪墙、码头、防潮闸、道路和挡水（潮）等建构物。在人工岸线的形成过程中，填海形成的土地使原始岸线位置发生明显改变，填海形成的堤坝、护坡等人工构筑物使原始岸滩减少或丧失，进而导致岸滩生物群落退化，海域环境恶化。

山东寿光老河口的人工岸线

山东荣成东楮岛海草床

（八）海草床

　　海草床作为滨海三大典型生态系统之一，与珊瑚礁和红树林共同构成近岸复杂的海洋生态系统。海草床虽然在全球的分布面积不大，仅占海洋面积的0.05%，却是初级生产力较高的海洋生态系统之一，具有极其重要的生态功能和服务价值。据估算，全球海草床年固碳量约占海洋总固碳量的10%。海草床的另一个重要功能是起到

生物栖息地的作用，其中最关键的是海草床为近岸浅海众多的鱼类和无脊椎动物提供产卵和育幼场所。海草叶片不仅可以为附生生物提供良好的附着基，还是海胆等海洋动物的天然饵料，复杂的空间结构亦为生活于其中的多种海洋生物提供栖息和庇护场所。此外，海草叶片可以减缓水流，加速水中悬浮颗粒物沉降，其根茎可以固定底质，有防风固堤的作用。在河北唐山、山东东营和烟台等地近海均有海草床分布。

（九）海藻场

　　海藻场主要是在大陆架区的硬质基质上大量密集生长的大型藻类构建而成的场所，众多海洋生物在此繁衍生息，共同构成了一种天然的海洋生态系统。由于大型海藻所适应的生长温度较低，天然海藻场多分布于冷温带，较少出现于温带和亚热带地区。作为构建海藻场主要的支撑物种，大多数藻类生长在水深30 m之内的礁石等硬底质上，主要的种类包括马尾藻属、裙带菜属、海带属等。海藻场大型海藻的密集分布对藻场区域海流起到了一定的缓冲作用，同时大型海藻会主动吸收部分无机盐、重金属等物质，相较于其他海域，近岸藻场区水质环境得到了明显的改善，因此海洋中的生物大多汇聚于此，众多的生物个体在其中觅食、繁殖、产卵、躲避敌害，使得海藻场具有十分丰富的物种多样性。

天然海藻场

黄河口湿地

（十）盐沼湿地

　　盐沼湿地是海岸与开放海域之间生长盐沼植物的潮滩，是全球生产力较高的区域之一，是全球"蓝色碳汇"的主要贡献者。盐沼植被主要由草本植物组成，伴随潮汐作用交替被淹没或露出水面。黄渤海沿岸盐沼植物主要包括芦苇、海三棱藨草、互花米草、结缕草、藨草、糙叶薹草、灯芯草、碱蓬和白茅等。

（十一）贝壳堤

　　贝壳堤是由潮间带的贝类死亡之后的残体、粉沙、细沙、淤泥质黏土经波浪搬运，在高潮线附近堆积而成的堤状地貌堆积体。贝壳堤湿地是我国典型而又特殊的海岸带类型，在我国渤海、南海北部等海岸带区域都有分布，以渤海西部区域分布最广、面积最大，集中分布于天津、河北黄骅、山东黄河三角洲等区域。黄河三角洲贝壳堤与美国路易斯安那州和苏里南的贝壳堤并称为世界三大古贝壳堤，也是世界上规模最大、唯一的新老并存的贝壳堤，是典型且特殊的海岸带生态系统类型。黄河三角洲贝壳堤因保存完整而且结构特殊，2004年在此成立了滨州贝壳堤岛与湿地国家级自然保护区。

山东滨州贝壳堤

山东烟台海岸的牡蛎礁

（十二）牡蛎礁

　　牡蛎礁，由牡蛎长期积累和生长形成的海洋环境。牡蛎礁既可以存在于潮间带，也可以出现在潮下带。牡蛎礁最重要生态功能之一是净化水质，作为滤食性动物，牡蛎具有较强的过滤能力，每个牡蛎每天可以过滤40~50 gal（1 gal ≈ 4.55 L）的水，每年相当于净化污水7.31×10^6 t。牡蛎过滤水体中的氮和悬浮碎屑物以及其他微粒，水质得到进一步改善，提高水体透明度，促进浮游植物和海草等沉水植物进行光合作用，提高水域环境的初级生产力。此外，与珊瑚礁相似，牡蛎礁在稳定生态系统平衡方面发挥着重要作用，因此被称为"生态系统工程师"。牡蛎礁构筑的三维空间结构，为许多重要的鱼类和海洋底栖动物等生物提供栖息地，利于其个体繁殖、生长与发育；同时也为多种生物营造避难所，助其尽可能躲避天敌的攻击与追杀。活体牡蛎礁广泛分布于中国沿海地区，不同区域牡蛎礁内的牡蛎种类不尽相同，比如渤海湾浅海活牡蛎礁内分布有3种牡蛎：长牡蛎（*Crassostrea gigas*）、大连湾牡蛎（*Ostrea talienwhanensis*）和密鳞牡蛎（*O. denselamellosa*）。

（十三）红海滩

　　红海滩是分布在中国北方河口湿地的典型自然景观，主要由大面积翅碱蓬（*Suaeda heteroptera*）群落组成。翅碱蓬又名盐蒿、黄须菜，为藜科碱蓬属一年生耐盐草本植物，叶条形、肉质化，在辽河口和黄河口等河口湿地区域均有分布。每年4—5月发芽，6—7月迅速生长，花果期为8—10月，至11月逐渐凋零死亡。翅碱蓬群落为滩涂湿地提供旅游景观的同时，在改良盐碱土壤、吸收污染、调节气候等方

黄河口红海滩

面也具有重要作用，同时还能为鸟类提供良好的食物来源与栖息环境。辽河口作为红海滩分布面积最大的区域，是许多稀有珍禽觅食和繁殖的场所，曾是世界上最大的黑嘴鸥栖息地。1988年，辽河口湿地被列为国家级自然保护区。然而随着近几十年来辽河口经济快速发展，对当地河口地区的自然地理和生态环境产生了重要的影响，主要包括油田的大面积开发、沿海滩涂的大肆开垦和沿海道路的修建。这些活动使得辽河口湿地生态环境持续恶化，辽河口地区翅碱蓬面积急剧减少，呈现出显著的退化趋势。

山东烟台南隍岛养殖水域

（十四）养殖水域

　　近海渔业养殖活动主要是通过运用筏架、养殖池等方式对鱼、虾、贝类，以及部分底栖动物如鲍鱼、海参、海蟹等进行的人工或者半人工式的圈养活动。与渔业捕捞活动相比，水产养殖活动的自主选择性更高。养殖户可根据自身的经济利益和自然环境投放人工优育、高产改良的鱼、虾和贝类品种，人为定期投放饲养饵料，加快鱼、虾类生长速度，使水产品单位面积产量提高，有效降低养殖户生产成本，提高经济效益，增强渔业资源的初始供给能力。

（十五）岛屿

　　岛屿，岛的总称，指四面环水并在涨潮时高于水面的自然形成的陆地区域且能维持人类居住或本身的经济生活。客观上说，可食用的食物、淡水和居住场所为可支持人类居住的岛的主要特征。只要这三个基本条件存在，我们就可以认为此岛能够维持人类居住，而无论其可维持多久，也不论这种居住是暂时性的还是永久性的。海岛在人类文明的发展史上，具有独特的地位，有过重要的贡献。利用海岛的自然优势，可以建立起各种优异的商港、渔港、军港、工业基地。风光秀丽、气候宜人的海岛更是人们向往的旅游胜地。

风光秀丽的渔港

二、海洋生态系统功能与服务

生态系统功能（ecosystem functions）与生态系统服务（ecosystem services）是生态学领域的重要研究内容，从其本身的定义和内涵来说，两者属于不同的概念，它们既有区别又有联系。生态系统功能"是构建系统内生物有机体生理功能的过程，侧重于反映生态系统的自然属性，是维持生态系统服务的基础"，侧重于反映生态系统的自然属性；而生态系统服务"是由生态系统功能产生的，是基于人类的需要、利用和偏好，反映了人类对生态系统功能的利用，是生态系统功能满足人类福利的一种表现"，更多是基于人类的需要、利用和偏好。目前对生态系统功能与服务的研究多集中于陆地生态系统，对海洋生态系统的研究则起步较晚。

海洋生态系统功能分为物质循环、能量流动和信息传递三大基本功能。海洋生

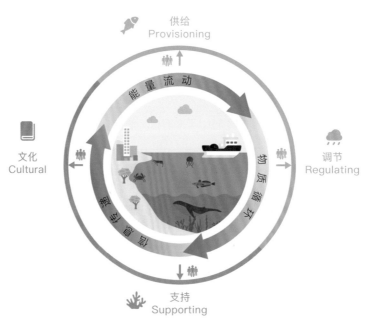

海洋生态系统服务功能

态系统服务的分类标准和评估方法目前还没有统一和公认的标准，我们参考国内外学者的研究，大致将生态系统服务功能分为四大类，即供给功能（provisioning）、调节功能（regulating）、文化功能（cultural）、支持功能（supporting）。

（一）海洋生态系统功能

物质循环、能量流动和信息传递是海洋生态系统的基本功能，三者的相互作用使生态系统构成一个有机的整体。其中，物质循环是基础，具有可循环利用的特点；能量流动是生态系统的动力，是单向的和不可逆转的；信息传递决定着能量流动和物质循环的方向和状态，是双向的，从而使生态系统产生自我调节机制。

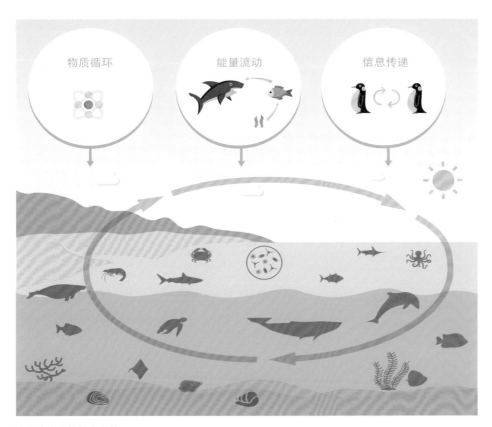

海洋生态系统基本功能

（二）海洋生态系统服务

1. 供给功能

是指海洋生态系统为人类提供食品、原材料、基因资源等产品，满足和维持人类物质需要的功能。主要包括食品生产、原料生产和提供基因资源三大类服务。

（1）食品生产：海洋是供养不同形式的海洋生物的生命摇篮，能够提供给人类优质的海产品，包括贝类、鱼类、虾蟹、海藻等。

优质的海产品

（2）原料生产：指海洋生态系统提供医药原料、化工原料和装饰观赏材料的功能。海洋原料是主要用于人类消费或动物饲料的富含营养的产品，来源于鱼类、磷虾、贝类和藻类等海洋生物。如鱼粉、鱼油、海洋蛋白质和肽、壳聚糖等。此外，海洋资源的综合利用，可以生产人类所需的各种物质，例如海水中的镁盐是提炼金属镁的原料。

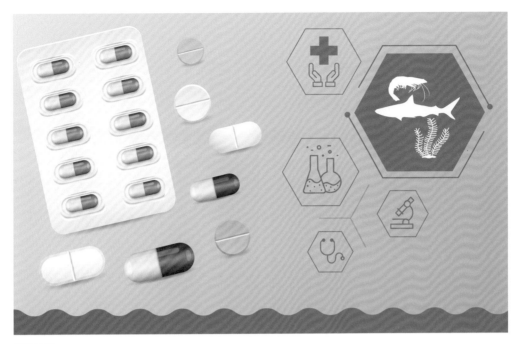

医药原料

（3）提供基因资源：21世纪是海洋的世纪，海洋生物资源的开发和利用已成为世界各海洋大国竞争的焦点之一，其中基因资源的研究和利用是重点。当前国际海洋生物基因资源的研究可概括为以下两方面：一是从模式生物基因组学入手，研究海洋生物个体发育和系统发育的规律，以及海洋生物对海洋环境的响应机制；二是从实际应用入手，分离、克隆和表达有用的功能基因。

2. 调节功能

指人类从海洋生态系统的调节过程中获得的服务功能和效益。可概括为以下4类服务：氧气提供、气候调节、废弃物处理以及生物控制。

（1）氧气提供：海洋中的浮游植物和藻类及海草通过光合作用生产的氧气，经过海洋—大气相互作用，从海洋进入大气。已有研究表明，地球上约70%的氧气来自于海洋。近期研究表明，污染物排放、水温升高以及水体层化现象导致近海区域低氧区和无氧区的形成并不断扩大，海洋中的氧气正在以惊人的速度耗损，世界各海洋缺氧区和无氧区的范围不断扩大。海洋中氧气的微小变化就可能导致巨大的生态灾难，造成海洋生态系统乃至全球生态系统崩溃。

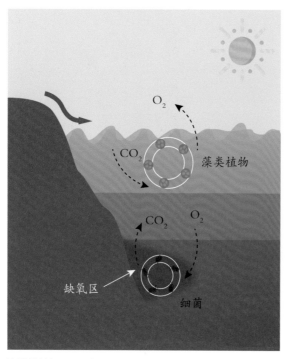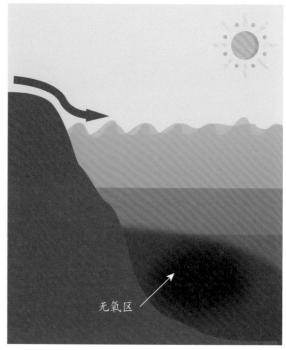

O₂

CO_2

藻类植物

CO_2 O_2

缺氧区

细菌

无氧区

海洋的缺氧区及无氧区

（2）气候调节：海洋在全球气候变化中起到重要的调节作用，已有研究表明，在
过去的18亿年中全球气候变化主要是因海洋循环的变化而造成的。特别是在当前全球
变暖的气候背景下，由于海洋对温室气体的显著吸收作用而延缓了全球变暖。海洋在
全球变暖中的作用是气候动力学研究的前沿领域，也是海洋—大气相互作用的研究热
点，海洋能在多大程度上抑制全球变暖，是全球气候变化的关键科学问题。

（3）废弃物处理：指人类生产和生活过程中产生的废水、废气等通过地面径流、
直接排放或大气沉降等方式进入海洋，通过海洋自身的物理过程、化学过程和生物
过程而使污染物质的浓度降低乃至消失的功能，即海洋的自净能力。海洋自净过程
按其发生机理可分为物理净化、化学净化和生物净化。三种过程相互影响，同时发生
或相互交错进行。需要指出的是，辽阔的海洋虽然具有巨大的自净能力，减少人类
废弃物的处理费用，但其可持续利用的自净能力是有限的，一旦超过某一阈值，就
会导致海洋污染，威胁海洋生态系统。因此，我们应把海洋的自净能力作为一种宝
贵的环境资源进行合理开发和利用。

（4）生物控制：生物控制论是运用控制论的一般原理，研究生物系统中的控制和信息的接收、传递、存贮、处理及反馈的一种理论。海洋生物多样性高，组成复杂，同时受多种因素的影响，也存在形式复杂的生物控制。生物种间关系复杂，存在不同形式的共生关系，按性质可归并为两类：一是种间互助性的相互关系，如原始合作、共栖、共生等；二是种间对抗性的相互关系，如寄生、捕食、竞争等。如在近海富营养化海区，浮游动物和养殖贝类通过滤食，起到抑制赤潮生物的作用，减弱赤潮对海洋生态系统的影响。

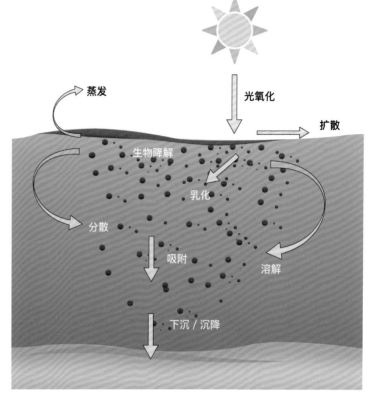

海水对有机污染的处理

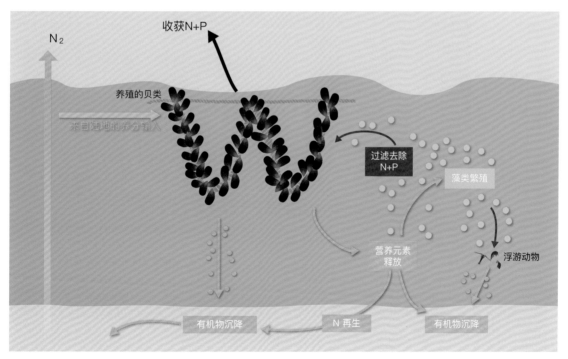

养殖贝类可缓解海水富营养化

3. 文化功能

指人类通过精神感受、知识获取、主观印象、消遣娱乐和美学体验从海洋生态系统中获得非物质利益的功能。海洋文化即是人类对海洋本身的认识、利用和因有海洋而创造出来的精神的、行为的、社会的和物质的文明生活内涵。海洋的文化功能价值包括休闲娱乐价值、文化价值、科研价值三大类。

（1）休闲娱乐价值：海洋风光旖旎、景色秀丽，能够提供人们游玩、观光、游泳、垂钓、潜水等方面的功能。同时，海岸带是全球经济社会发展的中心，是人类涉海经济活动的重要区域。在我国，海岸带优越的地理位置集聚了大量的人口并创造了大量财富，占国土面积13%的沿海地区生活着42%的全国人口，创造了60%的国民生产总值。

潜水是海洋休闲娱乐项目之一

（2）文化价值：人类对海洋的认识、开发利用的历史悠久，在漫长的互动过程中，产生了海洋文明，也产生了众多与海洋有关的民俗文化。此外，海洋具有能够提供文学创作、影视剧创作、教育、美学、音乐等的场所和灵感的功能。

在山东荣成天鹅湖越冬的天鹅

（3）科研价值：海洋科学是研究海洋的自然现象、性质及其变化规律，以及与开发利用海洋有关的知识体系。它是19世纪40年代以来出现的一门新兴学科，涵盖了海洋气象学、物理海洋学、海洋化学、海洋生物学和海洋地质学等专业。人类在漫长的历史发展过程中，一直没有放弃探索海洋和研究海洋，当前世界海洋的研究热点已经逐步从浅蓝走向深蓝，从浅海走向深海、深渊，目的是探索深海环境、生物和资源的奥秘。

4. 支持功能

海洋生态系统是海洋中由生物群落及其环境相互作用所构成的自然系统。作为自然的、动态的系统，海洋生态系统内有物质循环和能量流动，在无外界干扰或干扰程度不大的情况下，会达到一个动态平衡状态。在系统运转过程中，能够提供一些必需的基础功能，从而保证海洋生态系统的物质功能、调节功能和支持功能，包括初级生产、营养物质循环和物种多样性维持。

山东荣成东楮岛海草床

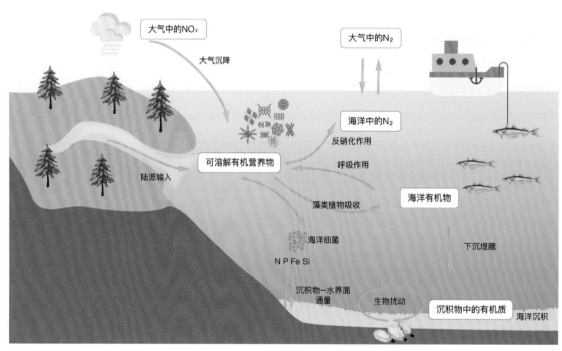

海洋的营养物质循环

海洋生物多样性

（1）初级生产：海洋中的浮游植物、底栖植物（包括定生海藻、红树和海草等高等植物）以及自养细菌等生产者通过光合作用制造有机物，为海洋生态系统提供物质和能量来源。

（2）营养物质循环：包括两个方面，一是氮、磷、硅等营养物质在海洋生物体、水体和沉积物内部及其相互之间的循环，支撑着海洋生态系统的正常运转；二是海洋生态系统在全球物质循环过程中为陆地生态系统补充营养物质。通过大气沉降、入海河流、地表径流、排污等方式进入海洋的氮、磷等营养物质被海洋生物分解、利用，进入食物链循环，通过收获水产品方式从海洋回到陆地，部分弥补陆地生态系统的损失。

（3）物种多样性维持：具有保护和维持海洋生物多样性的功能。海洋具有复杂多样和特有的生境，如珊瑚礁、红树林、湿地、海草床，为众多海洋生物提供了重要的栖息场所。河口区也常因河流输入带来大量的营养盐，成为许多经济种类海洋生物的"三场一通道"（产卵场、索饵场、越冬场、洄游通道）。据估计，目前已知的海洋生物约有23万种，但仍有约相当于此3倍的物种尚未被发现和报道，包括深海、深渊等特殊地带，因此地球上共有超过100万的海洋物种。由于气候变化和人类活动的影响，有些物种逐步消失，但随着调查采样技术和研究水平的提高，也不断有新物种被发现。保护海洋生物多样性，仍是全球共同关注的话题。

三、海洋生物多样性研究

（一）小型抓斗采泥器

小型抓斗采泥器是目前国内较普遍采用的一种浅海定量采泥工具，主要是由两个可活动的颚瓣构成，两瓣的张口面积为 $0.1\ m^2$。两颚瓣顶部由一条铁链连接，当铁链被挂到钢丝绳末端的挂钩上时，两颚瓣呈开放状态。采泥器一经触及海底，挂钩锤端即下垂与铁链脱钩。当采泥器上提时，通过挂钩对横梁的拉力，连接两颚瓣的钢丝绳拉近，使两颚瓣闭合，将沉积物抓入。

浅海定量采泥工具

"科学"号海洋科考船上配置的电视抓斗作业场景

（二）电视抓斗采泥器

电视抓斗是大型的深海采集设备，主要用于获取深海海底的表层松散岩石、沉积物和生物样品等。电视抓斗配备光缆，可将海底的实时视频图像传回操作平台，使得操作人员可借助监控画面完成取样，从而大幅提高取样作业的效率。电视抓斗主要由甲板单元和水下单元构成。其中，水下单元包括抓斗本体机械结构、深海液压钻、电机驱动器、水下测控单元、水下高清摄像机、水下照明灯、高度计、深度计等；甲板单元包括甲板多功能高清通信机、存储设备、供电设备和工控机（含监视器）等。电视抓斗在取样过程中，先通过水下的测控单元将视频、高度计、深度计等数据实时传输至甲板单元，操作人员借助监控画面和实时数据做出取样指令，指令通过通信机发送至水下单元，水下单元借助深海液压钻和电机驱动器驱动抓斗完成张合动作，从而完成海底取样。

（三）箱式采泥器

箱式采泥器是适用于各种深度的定量采泥工具。箱式采泥器的箱体截面呈矩形，箱体上部为可开合的盖子，下部为抓斗结构，箱体四周加以配重。下沉过程中，抓斗部分张开，水流可以自由穿过箱体，同时较高的配重可以防止采泥器受水下洋流的影响，并最大限度地保证箱体垂直插入海底底质中；触底后，绞车拉动采泥器上升，同时带动抓斗闭合，完成底质样品的采集；上升过程中，上部的盖子关闭，减少水流对底质样品表层的扰动。箱式采泥器根据需求可以设计各种截面面积，以满足定量采样的需求。箱式采集器取样时定量精确，对底质的扰动小，是应用最广泛的海洋底栖生物采样工具。

海洋科考船上的箱式采泥器

KC-Denmark12通道多管采泥器正在作业

（四）多管采泥器

    多管采泥器也称多通道柱状采泥器，用于采集管状的海底沉积物样品。由于管状取样器可以封闭底质和上层水体，减少采集过程对海底表层沉积物的扰动，因此适用于对样品原位保护要求较高的调查工作，在微生物和小型底栖生物多样性研究中应用较多。多管采泥器由主框架、配重、管状取样器及附属设备组成。管状取样器多由聚碳酸酯组成，一般要求透明和耐压。多管采泥器到达海底后，管状取样器插入沉积物完成取样。沉积物样品到达甲板后，由样品释放计量器根据沉积物深度定量释放样品，用于后续分析。

（五）涡旋分选装置

涡旋分选装置用来冲洗和过滤采集上来的泥沙底质，通过悬浮和过滤掉泥沙，截留住泥沙中的生物样品，从而达到收集生物样品的目的。该装置主要由筒体、涡旋发生器、分流器（进水口、进水阀、分流阀）、生物收集套筛、排渣网、支架等组成。筒体直径约50 cm，高约75 cm（其中漏斗状部分长25 cm），上方有一出水口；涡旋发生器安于漏斗部底侧，由一切成楔形的水管焊贴于近筒边（距离1 cm左右），当进入的水流经过此处，即受筒边阻挡而改变方向，并形成漩涡；分流器系控制水流强弱的装置，具双向流水控制阀门。生物收集套筛由一复合套筛和木架组成，用时与涡旋分选装置配套使用；排渣网，分选样品时，封闭筒底洞口，样品分选完毕，开启将余渣排出。

涡旋分选装置作业图

（六）阿氏拖网

阿氏拖网用来采集海底表面的大型底栖生物。阿氏拖网的网架用钢板或钢管制成，网口呈长方形，两边皆可在着底时进行工作。为便于网口充分张开，口缘的网架上绕有钢丝绳（直径4~6 mm)。网袋长度为网口宽度的2.5~3倍。进口处网目较大（2 cm)，尾部较小（0.7 cm)。为使柔软的小动物免受损伤，可在网内近尾部附加一个大网目的套网以使之与大动物隔开。该网网口宽度可根据调查船吨位及调查海区酌定。在一般调查船上用1.5 m宽的即可。船上的起重设备，或在湾内调查，也可用0.7~1 m宽的小型网。深水调查，一般多用宽度为3 m的大型网，其网架也应加重。拖网时，为减轻网衣的承受力，应用两根粗绳分别扣结在网架两侧边上，并将其另一端绕结在网袋末端，避免网内泥沙过多时网衣破裂。作业时，将网释放至海底，由船缓行拖动，刮取底表生物，生物通过网口收集入网内。

阿氏拖网作业图

（七）网筛

0.031 mm孔径网筛

网筛的作用是冲洗底质沉积物时，截留底质中的生物样品。不同类群的底栖生物研究中，所用的网筛网目不同。小型底栖生物研究所用的网筛孔径一般为0.042 mm，做深海线虫研究时常用到0.031 mm孔径的网筛，大型底栖生物研究中一般需要0.5 mm孔径的网筛。在实际调查工作中，通常会把多个网筛结合使用，比如在小型底栖生物采集中，上层用0.5 mm孔径的网筛截留掉大型底栖生物，下层再用0.042 mm孔径的网筛保留住小型生物。

大型底栖生物研究中常用的网筛，左图为6 mm孔径网筛，右图为0.5 mm孔径网筛

浮游生物Ⅲ型网作业图

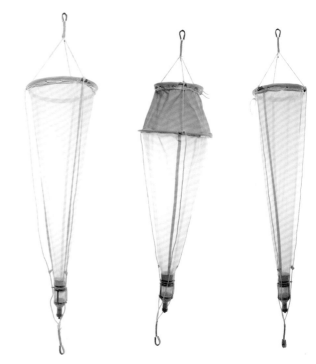

浅水型浮游生物垂直拖网，从左到右分别为Ⅰ型、Ⅱ型和Ⅲ型网

（八）浅水型浮游生物垂直拖网

浮游生物垂直拖网用于垂直或分段采集水体中的浮游动植物，网口为不锈钢圈，下面接筛绢构成的锥形网，网底部狭小，连接不锈钢制的样品收集瓶。作业时，由缆绳连接将网放入近海底的位置，然后向表层拖动直至出水，在此过程中海水滤过筛绢，浮游生物富集到底部的收集瓶中。浮游生物网根据采集的浮游生物类型不同，可分为Ⅰ型、Ⅱ型和Ⅲ型网，其筛绢网孔大小不同，网口结构和面积也不同。Ⅰ型网主要采集大中型浮游动物和鱼卵、仔鱼；Ⅱ型网主要采集小型浮游动物和夜光藻；Ⅲ型网主要采集浮游植物。

（九）多通道水样采集器

HYDRO-BIOS多通道水样采集器

多通道水样采集器用于在水体中进行水样分层采集工作。它由一组坚固的、装有12/24个支架的不锈钢阵列组成，支架上可以安装容量为1.7 L或10 L的采样瓶，用来在一次操作中完成12/24个不同深度水样的采集工作。多通道水样采集器装有一个马达驱动的自动释放装置，上面集成一个压力传感器，传感器的测量范围可根据用户的工作要求进行选择。多通道水样采集器可以由甲板控制单元上的控制按钮控制，进行在线实时采样；也可按照预先设定的采样深度间隔进行离线自容式采样。采样瓶在设定深度采集水样后，密封返回到甲板。水体样品可用于水文、化学和浮游生物等研究。

SEA-BIRD多通道水样采集器

道万DW16系列温盐深仪

（十）温盐深仪

温盐深仪，用于测量海水的电导率（conductivity）、温度（temperature）、深度（depth）三个基本的物理参数，因此常被简称为CTD。根据这三个参数，可以计算出海水的盐度、声速和密度等参数，从而可以观测海洋温场和声场的分布。搭载多种传感器的CTD还可以测量海水流速、溶解氧、pH、压强、COD（化学需氧量）和叶绿素等。温盐深仪是海洋（水文、物理、化学、地质、生物等）调查研究中最关键、最基础的测量仪器，在海洋经济开发、海洋观测、海洋国防建设方面有着极为重要的意义。在海洋生物多样性研究中，可以提供生物群落水体环境的基础数据，为评估生物多样性与环境因素的相关性提供很大的帮助。

"发现"号ROV   海龙IVE ROV

（十一）遥控无人潜水器

  遥控无人潜水器，或称无人缆控潜水器、遥控水下机器人，英文简写为ROV（Remotely Operated Vehicle），是远程操控下的潜水作业机械，一般用于深海作业。ROV通过光缆或电缆与母船相连，机体配置水下推进器、水下摄像系统和各类传感器等常规传感器；承担样品采集和原位试验任务的ROV还需要装配机械臂、采样筐、泵吸装置和其他试验和采集设备等。在作业时，操控人员在操控室接收ROV传回的实时视频画面和原位数据，根据实际情况操控ROV进行样品的采集和原位试验。随着国家深海科学研究的发展，国内海洋科研院所和高校相继购置和研发了多个ROV，如中科院海洋研究所的"发现"号ROV，以及我国自主研发的"海马"号ROV和"海龙"号系列ROV等。

（十二）自主式潜水器

自主式潜水器，或称自主水下机器人，英文简写为AUV（Autonomous Underwater Vehicle），是自主导航、自我保护和自主作业的潜水装备。AUV与母船没有线缆相连，不受人员操控，通过预设的程序执行一系列的深海作业任务。例如AUV可以下潜到指定海域和指定深度，开展水文信息采集、海底观测和勘探，其搭载的深海摄像系统可以对深海底栖生态系统进行原位观测等。AUV相比于其他类型的水下机器人平台，具有智能化程度高、探测范围大等优点，在深海观测、海洋资源调查和国防安全等领域有着广泛的应用。国内AUV的研发成果斐然，比较突出的有沈阳自动化研究所作为技术总体单位研制的"潜龙"号系列AUV，在深海地形地貌观测和矿产资源勘探等领域发挥了重要作用。

"潜龙三号"AUV

（十三）载人深潜器

载人潜水器，顾名思义，是可以搭载人员的深海潜水装置，主要用来执行深海原位观测、勘探、打捞、采集和试验等任务。载人潜水器相较于普通潜水艇，能够耐受更高的水压，因此可以潜入更深的海底进行作业。载人深潜器与母船没有线缆相连，其水下的运行完全由司乘人员操控，与ROV相比，其原位观测能力更强，移动距离更

"蛟龙"号载人深潜器

远。载人深潜器是海洋工程技术的前沿与制高点之一，其水平可以体现出一个国家材料、控制、海洋学等领域的综合科技实力。近十年来，我国载人深潜器的研发经历了从无到有，从深海到深渊的跨越式大发展。"蛟龙"号载人深潜器为我国的深海科学研究立下了汗马功劳，2020年新研制出来的"奋斗者"号成功抵达10909 m的马里亚纳海沟海底，创造了中国载人深潜的新纪录。

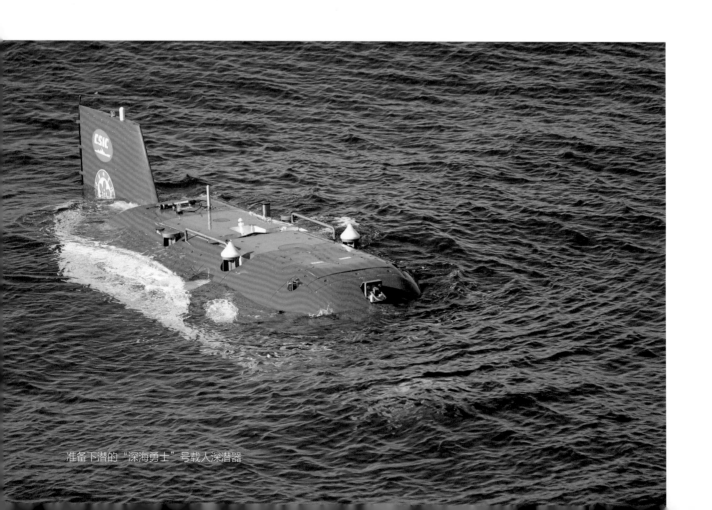

准备下潜的"深海勇士"号载人深潜器

（十四）海洋科学调查船

　　海洋科学调查船，是指用于执行海洋学综合调查任务的特殊船舶。这类船舶一般配备科学研究所需的各种工程装备和科学仪器，在船体构造方面需要满足海洋调查和科学研究的需求。海洋调查船是运载海洋科学工作者亲临现场，应用专门仪器设备直接观测海洋、采集样品和研究海洋的平台，科研工作者在船上从事海洋物理、海洋地质、海洋生态和海洋生物采集等一系列研究工作。为推动海洋调查船舶的开放与共享，促进我国海洋调查能力与水平的提高，协调科学考察平台的综合和高效利用，国家海洋局组建了国家海洋调查船队。船队由全国有关部门、科研院（所）、高等院校以及其他企业单位具备相应海洋调查能力的科学调查船组成。如中国科学院海洋研究所的"科学"号，自然资源部第一海洋研究所的"向阳红01"号等。

"探索一号"海洋科考船

"科学"号海洋科考船

（十五）生物样品的保存和粗分

采集到的生物样品需要及时保存，以保证后续研究的进行。生物样品的保存一般分为防腐剂保存和冷冻保存，防腐剂包括酒精和甲醛等，冷冻保存方法包括冰箱、干冰和液氮保存等。对于大型底栖生物，多用酒精加以保存，以方便后续的分类鉴定；微小型底栖生物和浮游生物多用甲醛或戊二醛固定；用于分析微生物的样品，如沉积物等，应保存在−20 ℃或更低温的冰箱里。一些用于分子生物学试验的生物样品，由于要防止DNA的降解，因此推荐冷冻保存，如冻存在冰箱或干冰中。

大型底栖生物样品的现场粗分

在对大型底栖生物样品进行鉴定之前，需要进行样品的粗分。粗分的目的是将生物个体从泥沙等杂质中挑拣出来，并按照门类对样品进行归类，如以多毛类、甲壳类、软体类、鱼类等大类进行分组。粗分可以极大地提高后续的分类鉴定效率。

酒精浸泡保存的标本

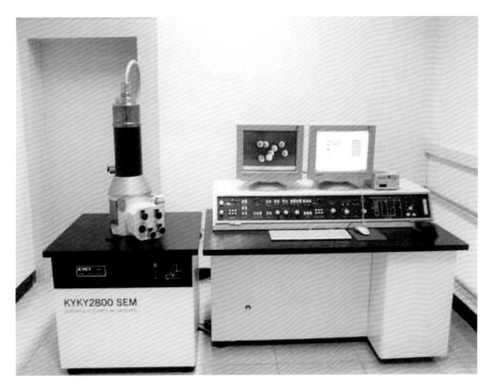

中科KYKY2800实用型扫描电子显微镜

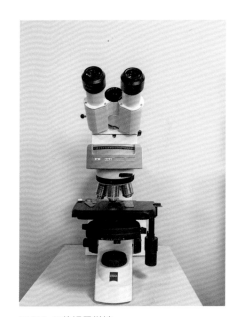

PXS6-T体视显微镜

（十六）经典分类学鉴定

经典分类学鉴定是以生物体的外观形态特征和解剖结构等为依据，进行物种分类鉴定的方法，也称为形态学分类法。经典分类学鉴定需要翔实可靠的分类学参考文献作为支持，最常用的是检索表方法对物种进行检索核对；为了提高鉴定的准确性，需要选择权威性高、分类阶元覆盖度大、形态描述清晰的检索表。各类群的生物图谱类书籍对分类鉴定也有很大帮助。观察生物的形态和解剖结构时，需要用到的仪器设备是显微镜，根据放大倍数和工作原理的不同，分为普通光学显微镜、体视显微镜（又称为解剖镜）、倒置显微镜、电子显微镜等。

（十七）DNA条形码

DNA条形码（DNA barcode）是指生物体内具有物种特异性的一段DNA片段，类似某一种商品所特有的条形码。该片段的核苷酸序列在物种内相对保守，而在物种之间具有较明显的差异，可以用来进行物种的区分。如同超市中商品上的二维码一样，DNA条形码是物种独特的身份标签，对物种的准确鉴定和生物多样性的评估具有非常重要的意义。在发现一个未知物种的样品或者部分组织时，研究人员可以扩增和测序其DNA条形码序列，然后与国际基因数据库内的条形码序列进行比对。如果与其中一个相匹配，便可确认这份样品的物种身份。不同的生物类群，最适用的DNA条形码基因序列不同，对大部分多细胞动物来说，线粒体细胞色素C氧化酶I亚基基因（COI）序列是应用最为广泛的DNA条形码。如今，DNA条形码已经成为生物多样性和生态学研究的重要工具，不仅用于物种鉴定，还可以帮助生物学家了解物种之间的亲缘关系和进化途径。

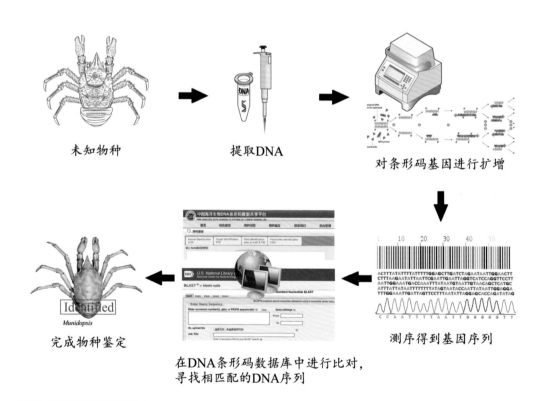

DNA条形码鉴定物种流程图

（十八）环境DNA

环境DNA（eDNA）是某一特定环境中，所有生物DNA信息的总和。在某个环境范围内生活的物种个体通常都会通过排便、皮肤等组织脱落、搏斗受伤、尸体等留下自身的DNA痕迹。对环境样品（例如土壤样品或海水样品）进行采集后，检测样品中尽可能多的DNA序列，例如某一特异性DNA条形码序列，然后在基因数据库中比对寻找它们所属的物种分类信息，最终鉴定出在这个环境中生活的所有物种，或找寻到目标物种。该方法可以在没有采集到或观察到生物个体的情况下，达到分析和评估该环境总体生物多样性的目的。

四、海洋生物多样性面临的威胁

全球生物多样性的状况正在逐渐恶化。根据新千年生态系统评估（2005）的观点，引起生物多样性丧失的最重要的直接驱动力包括：气候变化、栖息地变化、污染、过度开采、外来物种入侵。联合国生物多样性公约秘书处发布的第5版《全球生物多样性展望》（2010）报告指出，直接造成生物多样性丧失的压力包括：气候变化、污染、生态环境恶化、过度开发、外来物种入侵。海洋生物多样性也面临着这些威胁，具体表现为污水和养殖废水排放、白色垃圾倾倒、微塑料污染、溢油、赤潮/浒苔灾害、水母暴发、低氧、酸化、过度捕捞、围填海等。本节主要从上述几个方面来阐述黄渤海海洋生物多样性面临的威胁。

（一）污水和养殖废水排放

人类生产生活产生的污染物经河流最终排入海洋，沿海地区工农业产生的污染物倾倒入海，大气中的污染物沉降入海，垃圾倾倒入海等等，都会造成海洋环境污染。海洋污染的主要污染源包括入海河流、直排海污染源、海洋大气污染物沉降、海洋垃圾与海洋微塑料。

污染对海洋生态系统尤其是近海生态系统产生了严重冲击，导致海洋环境恶化，海洋灾害频发，直接或间接破坏海洋生物多样性，是海洋生物多样性面临的主要威胁之一。其中又以污水和养殖废水排放最为严重。

根据《2018年中国海洋生态环境状况公报》（中华人民共和国生态环境部，2019），我国海洋生态环境状况整体上稳中向好，符合第一类海水水质标准的海域面积占管辖海域的96.3%。渤、黄、东海污染海域主要分布在辽东湾、渤海湾、莱州湾、江苏沿岸、长江口、杭州湾、浙江沿岸等近岸海域。在全国面积大于100 km²的44个海湾中，有16个在一年四季均出现劣四类水质，其中无机氮和活性磷酸盐是主要的污染物。

2018年我国管辖海域中，渤海非第一类（包括二类、三类、四类、劣四类）水质海域面积为21560 km²，其中劣四类水质海域3330 km²，主要分布在辽东湾、渤海湾、莱州湾、滦河口等近岸海域，超标的主要污染物为无机氮和活性磷酸盐。黄海非第一类水质海域面积为26090 km²，其中劣四类水质海域1980 km²，主要分布在黄海北部、江苏沿岸等近岸海域，超标的主要污染物为无机氮和活性磷酸盐。东海非第一类水质海域面积为44360 km²，其中劣四类水质海域22110 km²，主要分布在长江口、杭州湾、象山港、三门湾、三沙湾等近岸海域，超标的污染物主要也是无机氮和活性磷酸盐。

无机氮和活性磷酸盐中所含的氮和磷都属于营养元素，这些元素超标导致海域出现富营养化状态。2018年我国渤、黄、东海富营养化海域的总面积为48160 km²，渤海4250 km²，其中中度和重度富营养化面积为1030 km²，黄海14180 km²，中度和重度富营养化面积为4940 km²，东海29730 km²，中度和重度富营养化面积为21770 km²。

无机氮和活性磷酸盐主要来源于入海河流和养殖废水的排放。例如在胶州湾沿岸，城市生活污水、工农业生产的废水和农用化肥被雨水冲刷淋洗，汇入沿岸的李村河、娄山河、海泊河、墨水河和大沽河等河流，这些水中含有大量无机氮、磷和有机物，并随河流汇入胶州湾内。另外，在胶州湾北部有大量的养殖区，养殖废水的排放增加了海水中的氮磷含量。有记录表明，2002年青岛市工业废水排放量、农业化肥施用量分别增加了约1倍和1.7倍，水产养殖面积增加了2.2×10⁴ hm²，这使得胶州湾营养盐大量增加，沿岸水域富营养化，并导致2003年6月的大面积赤潮发生。

（二）海洋垃圾倾倒

海洋垃圾是指海洋和海岸环境中具持久性的、人造的或经加工的固体废弃物，分为海面漂浮垃圾、海滩垃圾和海底垃圾。人类活动产生的海洋垃圾数量是惊人的，有资料表明，全球每年有约6400 kt垃圾进入海洋，每天有约800万件垃圾成为海洋垃圾，其中约70%沉降到海底，成为海底垃圾，15%漂浮在海面，成为海面漂浮垃圾，另外15%驻留在海滩，成为海滩垃圾。

国家海洋局对海洋垃圾的种类进行监测，发现我国近岸海域海面漂浮垃圾种类包括：塑料袋、塑料餐具、聚苯乙烯泡沫快餐盒、鱼线和渔网等；海滩垃圾种类包括：塑料袋、塑料餐具、塑料绳索、渔具、玻璃瓶、金属饮料罐等；海底垃圾种类包括：金属饮料罐、塑料袋、渔网等。从整体来看，我国海洋垃圾在种类结构上主要以塑料垃圾为主，塑料类垃圾在海面漂浮垃圾、海滩垃圾和海底垃圾中分别占88.7%、77.5%和88.2%。研究人员对我国东海沿岸海域的海洋垃圾进行调查研究，发现海面漂浮垃圾里大/特大块垃圾密度为每平方千米11个，中小块垃圾密度为每平方千米1045个；海滩垃圾密度为每平方千米31001个；海底垃圾密度为每平方千米0.03个。东海的海洋垃圾密度远高于文献记载的全球其他海域。对山东省沿岸海域海洋垃圾进行调查研究，发现海洋垃圾中除了海滩垃圾外，其他海洋垃圾的密度

海滩上的垃圾1

要高于东海。

　　海洋垃圾严重威胁了海洋生物的生存和海洋生物多样性的维持。例如，废弃的渔网会挂住许多鱼类，导致鱼类在网衣内死亡。死亡的鱼类又会吸引以之为食的海鸟和海洋哺乳动物，导致后者误入网中无法挣脱而死亡。海洋塑料垃圾容易被海洋动物误食，从而导致海洋生物死亡。在厦门湾，不同尺寸的海洋塑料垃圾对中华白海豚构成了不同程度的潜在生态风险。鲸豚类动物摄食海洋垃圾后，往往会造成消化道堵塞，导致饥饿而死；垃圾的尺寸越大，摄入后越容易导致消化道堵塞，危害也越大。海面漂浮垃圾容易被藤壶、珊瑚虫及部分软体动物附着，促使这些生物随着海流扩散。相比木头或椰子之类的自然垃圾，海洋生物更容易附着在人造的塑料垃圾上漂浮，并随海流入侵到新的生境。

海滩上的垃圾2

海滩上的垃圾3

（三）微塑料污染

海洋中的塑料垃圾经过机械作用、生物降解、光降解、光氧化降解等过程，逐渐被分解成毫米级别的碎片，这些碎片就是微塑料（孙晓霞，2016）。海洋中的微塑料是指通过各种途径进入海洋中的直径小于5 mm的塑料颗粒（孙晓霞，2016）。海洋微塑料污染是全球性的，对于海洋生物多样性构成一定的威胁。研究表明，海洋哺乳动物、海鸟、鱼类、浮游动物、底栖无脊椎动物等都能够摄食微塑料，而微塑料会堵塞某些生物的食物通道，或者引起假的饱腹感，并对生物体产生机械损伤，这些海洋生物会出现摄食效率降低、受伤或死亡的情况。另外，微塑料容易吸附海水中的有毒化学物质，而且很多微塑料本身就含有有毒物质，被生物吞食之后，这些有毒物质逐渐被释放出来，对生物体造成危害。

研究表明，对微塑料的摄食能够影响经济底栖鱼类大菱鲆（*Scophthalmus maximus*）幼鱼的存活率，发现长期生活在高于每升200个微塑料浓度的环境中会显著增加大菱鲆幼鱼的死亡率。研究发现，黄海浮游动物不同类群体内的微塑料含量不同，其中管水母（Siphonophorea）、桡足类（Copepoda）、磷虾类（Euphausiacea）和端足类（Amphipoda）体内的微塑料含量较高，每立方米分别为3.57、2.44、1.41和1.36个；这些体内微塑料浓度较高的浮游动物主要出现在靠近长江口的黄海海域。不同海域鱼类体内的微塑料含量也不同，研究表明渤海和长江口海域的鱼类，其体内的微塑料含量高于黄海中部海域的鱼类。研究发现南黄海沉积物中的微塑料浓度和底栖生物体内的微塑料浓度均随着水深的增加而增加。

（四）溢油

溢油是常见的海洋污染之一，随着石油生产加工业和海上运输业的发展，海洋溢油事故不断发生。1974—2018年，我国近海50 t及以上的海洋溢油事故（较大溢油事件）共发生117次，其中500 t及以上的溢油事故（重大溢油事件）发生24次，34 kt及以上溢油事故（灾难性事故）发生1次。溢油事故发生的原因包括非船舶源溢油、船舶碰撞溢油和其他船舶事故溢油，其中船舶碰撞溢油在2000—2009年发生次数最多，为26次。2018年东海海域"桑吉"号溢油事故是我国历史上最大规模的溢油事故，造成了100 kt以上石油泄漏。

20世纪80年代，在胶州湾曾发生多起溢油事件：1983年11月，装载43000 t原油的巴拿马籍油轮"东方大使"号从青岛港黄岛油区出港过程中搁浅，导致3343 t原油泄漏，长达230 km和近7000 hm² 滩涂养殖场受到污染；1984年9月，装载120 kt原油的巴西籍油轮"加翠"号在出港过程中触礁搁浅，导致约758 t原油泄漏，长达103 km的海岸线受到污染；1989年8月，黄岛油库爆炸起火，导致630 t原油泄漏流入胶州湾，使102 km海岸线受到污染。

溢油事故严重威胁海洋生物的多样性。对于海洋浮游植物来说，溢油的影响具有两面性，一方面，当石油烃浓度较高时，溢油会抑制浮游植物的光合作用，进而影响浮游植物群落多样性；另一方面，当石油烃浓度较低时，溢油为浮游植物提供大量碳源，容易引起藻类的暴发性繁殖，造成大面积藻华。对于海洋动物来说，溢油会引起动物中毒，使动物致病或致死。例如，石油会对甲壳动物的摄食、呼吸、运动、生殖、生长等造成影响，导致甲壳动物在溢油事故后往往出现高死亡率；溢油事故对软体动物会造成亚致死或慢性中毒，损害其呼吸和运动等功能，也可能会导致其生长繁殖能力下降；溢油事故还会影响鱼类的形态结构、干扰体内酶活性，影响其生长发育，并且溢出的石油进入水体，导致水质下降，使鱼类容易致病。

（五）有害藻华

　　有害藻华包括赤潮、绿潮、金潮、褐潮等由藻类引起的海洋生态灾害，海水富营养化是其发生的重要驱动力。2018年渤、黄、东海共发现赤潮36次，面积达1204 km²，其中东海发现的赤潮次数最多，达23次，面积也最大，达1107 km²；2018年4月绿潮在黄海南部开始发生，8月基本消亡，在6月规模最大，分布面积达38046 km²，覆盖面积达193 km²。2014—2018年绿潮最大覆盖面积呈逐年下降趋势。有时甚至会出现几种藻华灾害同时出现的现象。例如，2017年4—6月，南黄海35° N附近出现了罕见的绿潮、金潮和赤潮等共发现象，表明黄海海域正面临严峻的海洋问题。

　　有害藻华发生之后会引起一系列有害的生态效应。例如，2001—2010年福建沿海共发生161起赤潮，其中有毒赤潮和赤潮中伴随出现有毒藻种（米氏凯伦藻 *Karenia mikimotoi*、短裸甲藻 *Gymnodinium brevis*、裸甲藻 *Gymnodinium* sp. 和微小原甲藻 *Prorocentrum minimun*）的赤潮共19起。这些有毒藻种的危害包括：米氏凯伦藻分泌溶血性毒素，短裸甲藻产生神经性贝毒，裸甲藻产生麻痹性贝毒，微小原甲藻

赤潮

南黄海浒苔暴发（绿潮）

分泌对甲壳动物无节幼体有毒害的物质等。这些有毒物质可导致海洋动物死亡。除了分泌有毒物质，赤潮藻类大量暴发，也会导致赤潮发生海域透明度降低，深层海洋生物会受到影响，另外赤潮藻类分泌的黏液会妨碍海洋动物的呼吸进而使其窒息死亡。赤潮藻类和因赤潮而死亡的生物分解时会大量消耗水体中的溶解氧，导致水体低氧，威胁生态系统安全。浒苔绿潮对江苏海域生态系统有着深远的危害和影响。浒苔具有极强的生命力，大面积浒苔集聚形成的绿潮与原有的硅藻门浮游植物争夺光照和营养物质，改变硅藻门浮游植物的生存环境，使其大量死亡，进而导致以硅

青岛海边浒苔暴发时的景观

藻为食的浮游动物等大量减少，鱼类和甲壳类动物受到影响。浒苔腐烂消耗海水中的氧气，释放有毒物质，进一步威胁鱼类和其他动物的生存，给渔业生产带来巨大损失，导致江苏海域物种多样性明显降低。同时大量的浒苔堆积在海岸，散发出浓烈的腥臭味，破坏海岸美景，严重影响沿海城市旅游业的发展。

浒苔大规模暴发时的黄海近海的海面

（六）水母暴发

　　水母暴发是水母在特定季节和特定海域内数量剧增的现象。水母暴发的原因非常复杂，受到环境因素和人类活动的双重影响。导致水母暴发的原因主要包括：渔业资源减少，水母被捕食的压力降低，食物竞争压力降低；富营养化导致浮游藻类增多，藻类沉降分解导致水体底部缺氧，不利于其他生物生存，但是水母能耐受这些恶劣环境；海水温度变化与水母数量变化有很好的对应关系；船舶压舱水等将水母从一个海域带到另一个海域；海岸工程的建设为水母水螅体提供了适宜的附着基。由此可见，人类活动造成了水母生存环境变化，这是引起水母暴发的真正原因。

　　从20世纪90年代中后期开始，我国东海北部、黄海南部出现了越前水母暴发的现象。2003年开始，在我国渤、黄、东海范围内出现大型水母沙海蜇（*Nemopilema nomurai*）暴发现象，后来白色霞水母（*Cyanea nozakii*）也大量出现。

　　水母暴发严重威胁海洋的生物多样性。水母和许多鱼类及仔稚鱼有竞争关系，水母大量增长，导致短时间内水体中浮游生物的数量急剧下降，从而造成仔稚鱼饥饿甚至死亡，从而使渔业资源无法得到补充。研究表明，沙海蜇暴发能够影响游泳动物的资源密度和多样性。水母消亡对海洋生态系统会产生影响，消亡时水体酸化，pH降低，同时大量消耗水体中的溶解氧；水母消亡对海洋生物的数量变化也有一定的影响，特别是对微型和小型浮游动物。

渔业资源网捕捞上来的大型水母

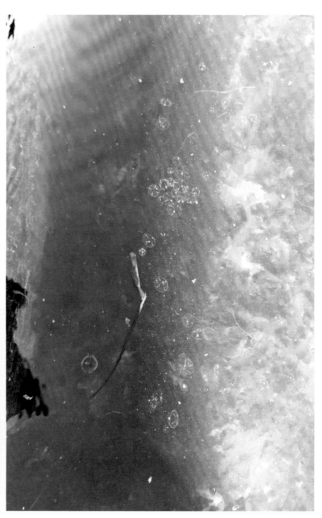

海边大量的水母幼体

（七）低氧

低氧是指水体中的溶解氧浓度≤2 mg/L。有些海洋学家把溶解氧浓度<3 mg/L的海域视为低氧区。低氧发生的区域常常发生强烈的水体层化，阻碍了水体垂直移动的同时，也阻止了氧的垂直传输。研究表明，浅海、半封闭海湾和入海口较容易发生低氧。此外，水体富营养化导致藻华灾害发生，一方面藻华生物生长繁殖会大量消耗水体中的溶解氧，另一方面其尸体死亡分解会进一步消耗水体中的溶解氧，导致低氧发生。低氧会严重影响海洋生态系统，不同生物对于低氧的耐受程度不同，具体表现为软体动物 > 环节动物 > 棘皮动物 > 甲壳类 > 鱼类。

我国渤、黄、东海的低氧现象出现在长江口、辽河口、辽东湾海域、小清河口、乳山湾、烟台牟平海域等。研究表明，低氧能够在一定程度上改变烟台牟平海域大型底栖动物群落结构，包括物种组成、优势种、物种多样性等。当溶解氧（DO）< 2.5 mg/L时，微小海螂（*Leptomya minuta*）、大蝼蛄虾（*Upogebia major*）、极地蚤钩虾（*Pontocrates altamarimus*）、塞切尔泥钩虾（*Eriopisella sechellensis*）等表现出明显的不适；而当DO = 2.0 mg/L时，短叶索沙蚕（*Lumbrinereis latreilli*）受到的影响不明显。在长江口，季节性低氧并不会完全破坏底栖生态系统，在低氧区内的调查站位，其生物量和栖息密度反而远高于调查海域的平均值，尤其是多毛类动物和棘皮动物。低氧对浮游植物群落结构也会产生影响。在长江口海域，核心低氧区、非核心低氧区、非低氧区的浮游植物细胞丰度、多样性和均匀度呈逐渐减小的趋势。

（八）酸化

海洋酸化是由于海洋吸收了大气中人为产生的二氧化碳引起的海水酸度增加的过程。工业革命以来，人为活动导致大气中的二氧化碳浓度剧增，随着表层海水与大气之间二氧化碳的交换，表层海水的二氧化碳浓度也逐渐增加，导致海水酸化，pH下降，$CaCO_3$各种矿物（文石、方解石等）的饱和度下降。海洋酸化受多种因素的影响，近海海洋酸化同时受到人为活动、生物活动、河流、上升流以及地下水的影响。海洋酸化严重威胁海洋钙化生物的生存和生长，如刺胞动物、软体动物、甲壳动物和棘皮动物等，特别是在这些动物的幼体阶段。与钙化生物相反，海洋酸化将促进光合生物吸收海水中的二氧化碳，促进光合作用，增加海洋的初级生产力。

在我国黄渤海，大部分海域底层海水出现酸化现象，文石饱和度低于2；在黄海中部的底层海水酸化问题更加严重，文石饱和度最低值仅为1，这是生物钙质骨骼和外壳溶解的临界点。

（九）过度捕捞

过度捕捞是人类的捕捞活动导致海洋中某种资源物种的种群不足以繁殖并补充种群数量的现象。随着科学技术的快速发展，渔船的性能、捕捞工具的效率得到很大程度的提高，导致渔业资源物种被高效率地过度捕捞，一部分海洋生物因此数量骤减。我国近海几乎所有经济价值较高的资源物种均遭受或正在遭受过度捕捞，例如渤海渔业资源全年可捕量约400 kt，但环渤海3省1市的渤海渔业产量自1999年到2003年均在1300 kt以上；海洋底层的大黄鱼、小黄鱼、带鱼、马面鲀等资源物种的产量大大下降，小黄鱼、中国对虾等资源濒于灭绝。

过度捕捞不仅导致资源物种枯竭，而且会使海洋生态系统失衡，导致一系列的生态效应。资源物种大都是捕食者，处于食物链的中上层。这些捕食者的数量骤减之后，生态系统的能量流动无法像以前一样正常进行。这部分能量就会转向其他物种，例如水母，导致黄渤海水母暴发；一部分滞留在个体较小的被捕食者，如黄海中上层小型鱼类数量增加，导致物种小型化；这部分被捕食者原本以浮游动物为食，它们的数量增加又使得浮游动物数量减少，进而导致浮游植物被捕食量减少，促进藻华灾害发生。我国近海生态系统发生的赤潮、浒苔和水母暴发等灾害与对资源物种的过度捕捞是分不开的。

密集的捕捞船

海岸工程建设 1

（十）围填海

　　围填海是解决沿海地区土地资源紧张的重要途径，我国围填海主要经历了 4 个高峰时期：第一个时期是 20 世纪 50 年代的围海晒盐，第二个时期是 60 年代中期至 70 年代的滩涂围垦，第三个时期是 80 年代中后期至 90 年代初的围填海人工养殖，第四个时期是 90 年代后期的港口、机场建设，船舶维修以及滨海住宅开发等工程工业及建筑用海。

　　围填海导致近岸海域水文动力环境改变，例如厦门西海域和同安湾开发，改变了海域的水文动力条件，使得海域纳潮面积减少，出现明显淤积现象；大连市复州湾和

海岸工程建设2

大窑湾等的大面积围填，导致海域水动力条件减弱，淤积严重。围填海还会导致沿岸海域生态系统受损，滨海湿地生态和景观遭到破坏，渔业资源受损，海水质量下降等。大连庄河市蛤蜊岛附近海域曾被称为"中华蚬库"，随着连岛大堤的修建，该海域生态系统被破坏，生物资源彻底消失。在渤海湾，围垦导致滩涂面积下降，造成鸻鹬类候鸟春季迁徙期间的生存空间被压缩，使得剩余滩涂上的鸻鹬类密度在3年内增加了4倍，这对其生存极为不利。海岸工程建设为某些岩石潮间带的物种提供了固着基，使这些物种的分布区扩大，从长江口以南扩散到长江口以北。围填海导致芝罘湾海域的污染物浓度高且污染范围扩大；沉积物中的重金属含量增加；浮游植物、浮游动物、底栖生物的物种数量分别下降了近47.50%、43.30%、26.30%。

（十一）生物入侵

入侵物种对于入侵地的生物多样性构成严重威胁。例如东南沿海的互花米草入侵，与本土动植物形成竞争关系，影响了滩涂动植物种群的分布。在上海崇明东滩湿地，白头鹤等水鸟的主要食物来源是一种本土植物海三棱藨草的地下球茎和种子，由于互花米草的入侵，使得海三棱藨草种群数量骤减，以此为食的白头鹤等水鸟不得不迁徙到其他地方。

互花米草入侵景象1

互花米草入侵景象2

互花米草入侵景象3

互花米草入侵景象4

　　在浙江省玉环县漩门湾国家湿地公园，互花米草入侵改变了原来生境特征以及底栖动物的垂直分布距离，使大型底栖动物的群落结构发生变化。

五、海洋环境和生物多样性保护

（一）伏季休渔

　　全球气候变化、近海海域污染和过度捕捞等因素的综合作用已使渔业资源衰退成为全球性问题。伏季休渔政策的实施是目前应对此问题的重要举措之一。伏季休渔禁止在渔业资源生物集中繁育期内从事生产性捕捞，以保证资源物种的正常繁殖。我国的伏季休渔政策始于1995年，初期在东海及黄渤海海域实施；1999年起，南海海域也开始进行伏季休渔。针对长江等国内重点淡水渔业水域的禁渔制度也有多年历史，如自2003年起长江江段开始实施春季禁渔；2020年，长江流域重点水域实现全年禁渔。

码头的渔船

宁静的海面

（二）增殖放流

　　渔业资源增殖放流是恢复近海渔业资源、提高渔业产量的重要技术手段。此种技术旨在通过向渔业资源出现衰退的天然水域投放人工繁育的鱼、虾、蟹和贝类，以恢复水生生物种群数量，改善水域渔业资源群落结构。我国增殖放流活动始于20世纪50年代，放流对象主要为淡水四大家鱼。20世纪70年代，黄渤海开始尝试中国对虾增殖放流。至今，增殖放流活动在我国沿海已广泛开展。农业部《关于做好"十三五"水生生物增殖放流工作的指导意见》确定的放流物种共计230种，其中海水物种52种。

（三）海洋牧场

　　如何有效保护和恢复渔业资源、增加资源补充量是渔业可持续发展的核心问题，与增殖放流相结合的海洋牧场建设是解决此问题的有效措施之一。1978—1987年日本

山东荣成沿海养殖水域

建成了世界上第一个海洋牧场——黑潮牧场，开展了鲷类补充机制、人工鱼礁、苗种培育等研究。1979年，广西钦州市投放了我国第一组试验性单体人工鱼礁，中国开始了对海洋牧场建设的实践探索，近年来发展较为迅速，目前已构建数以百计的渔业养殖、生态修复、休闲观光、种质保护、综合利用等不同类型的海洋牧场。

（四）海洋自然保护区

1989年，世界自然保护联盟（IUCN）和世界保护区委员会（WPCA）将海洋保护区分为6类，自然保护区为其中重要类型之一（另5类为国家公园、自然遗迹、栖息地和物种管理区、保护景观和海区和资源保护管理区）。我国首批海洋自然保护区建立于1990年，至今我国共有海洋自然保护区共计80个（国家级14个）。海洋自然保护区的设立现阶段已是保护海洋最为有效的手段之一，特别是在保护海洋和海岸自然生态系统、海洋生物物种、海洋自然遗迹和非生物资源等方面起到了突出作用。

（五）水产种质资源保护区

水产种质资源保护区是为保护和合理利用水产种质资源及其生存环境，在保护对象的产卵场、索饵场、越冬场、洄游通道等主要生长繁育区域依法划出一定面积的水域、滩涂和必要的土地，予以特殊保护和管理的区域。水产种质资源保护区分为国家级和省级。2007年以来，农业农村部正式公告10批次523处国家级水产种质资源保护区及其区划位置，总面积达15595200 hm²，保护对象百余种。其中，内陆保护区面积为8143500 hm²，占内陆水域面积46.45%；海域和河口保护区面积为7451700 hm²，占总面积2.49%。

山东荣成大天鹅国家级自然保护区

山东省三疣梭子蟹种质资源保护区

底栖生物理想栖息地

（六）人工牡蛎礁

　　牡蛎是一种海洋底栖动物，生长于咸淡水交汇的温带河口水域或滨海区。鲜活牡蛎能大量聚集生长，形成大面积的牡蛎礁。牡蛎礁是近岸水域最为特殊的海洋生境之一，为鱼类和底栖生物提供了较为理想的栖息地。同时，牡蛎礁还具有净化水体、防止岸线侵蚀和固碳等重要生态功能。近100多年来，过度采捕、环境污染、病害和生态环境破坏等原因造成全球牡蛎礁分布面积约减少85%，自然牡蛎礁的恢复以及人工牡蛎礁的构建日益受到重视。

（七）人工漂浮湿地

　　人工漂浮湿地是一种较为新型的生态修复技术，此种技术主要依靠植物、微生物和水生动物的共同作用实现对水体的净化，且具有不占用土地、不消耗能源、成本低、管理简单等技术优点。河道、池塘、水库和湖泊等封闭的水体中的人工漂浮湿地生态修复技术已得到较为广泛应用，修复和提高水体质量的效果较为明显。近年来，应用于开阔水域的人工漂浮湿地技术也有少量实践，除水体净化功能以外，还具有增强栖息生境、美化景观和减少岸线侵蚀等作用。

美化景观

（八）海洋生物修复

生物修复是指利用微生物等生物类群将存在于土壤、地下水和海洋等环境中的有毒、有害污染物降解为二氧化碳和水，或转化为无害物质，从而使污染生物环境修复为正常生态环境的工程技术体系。虽然生物修复技术起源于陆地及淡水环境，但近年来因海洋环境所受威胁较大，海洋生物修复技术的理论研究及实践也有较快发展。海洋生物修复主要包括植物修复、动物扰动、微生物修复等。例如，江蓠、紫菜、海带及浒苔等大型海藻具有较强的营养盐吸收能力，因此被用于去除氮、磷等富营养化防治技术。

利用牡蛎进行的生物修复

（九）人工鱼礁

投放人工鱼礁是海洋牧场建设过程中采用的一种重要技术手段。人工鱼礁是人为地在水域中设置的构造物，以改善水生生物栖息环境，为鱼类等生物提供索饵、繁殖、生长发育等场所，达到保护、增殖资源和提高渔获质量的目的。现代人工鱼礁始于20世纪60年代初期的日本，我国于20世纪70、80年代开始相关试验研究，21世纪初广东等沿海省市陆续开展较大规模的人工鱼礁区建设。人工鱼礁主要包括石块礁、混凝土构件礁、报废船只、钢结构等类型，南北方海域投放的礁型也有各自的特点。

人工鱼礁的建设

第二章
常见物种

Chapter Two

一、藻类

岩生刚毛藻
Cladophora opaca Sakai, 1964

门	绿藻门	Chlorophyta
纲	石莼纲	Ulvophyceae
目	刚毛藻目	Cladophorales
科	刚毛藻科	Cladophoraceae
属	刚毛藻属	*Cladophora*

　　藻体外观呈浓密的簇状，长度一般可达20 cm，带有浓绿色，或浅蓝色带青色，且无光泽。从基部向上分出丰富的分枝，这些分枝有时会出现卷绕、坚挺显得外观粗糙。一年生或多年生。通过孢子繁殖，有世代交替。由叶状体末端释放的孢子有四鞭毛，同形配子有两根鞭毛。生活史有外观不易区别的配子体世代和孢子体世代。

　　藻体呈簇状地生活于有岩石的海岸，栖居"悬挂"于礁石石沼、裂隙等，或者形成藻丛。部分老成个体因脱离附着物而漂浮。岩生刚毛藻除常见于我国黄渤海沿岸之外，还分布于欧洲及北美洲的大西洋沿岸，也见于摩洛哥、巴西、日本、澳大利亚等国海岸，以及南极附近。

刺松藻
Codium fragile (Suringar) Hariot, 1889

生长于中潮带及低潮带的岩石或石沼中，常大量地聚生在一起。藻体黑绿色，海绵质，富有汁液，幼体被白色绒毛，老时脱落，高10~30 cm。固着器为盘状或皮壳状，自基部向上叉状分枝，越向上分枝越多。枝圆柱状，直立，腋间狭窄，上部枝较下部细，顶端钝圆，枝径5 mm左右。多核单细胞组成，髓部为无色丝状体交织，自其上分枝，枝顶膨胀为棒状细胞，形成连续的外栅状层，叶绿体小，盘状，无淀粉核。棒状细胞长为枝径的4~7倍，顶端壁厚，幼时较尖锐，渐老渐钝，顶端常有毛状突起。刺松藻是我国黄渤海沿岸常见的海藻之一，东海较少。已知产地有浙江省嵊泗列岛、普陀和福建省的平潭、莆田、东山等地，刺松藻分布于太平洋、大西洋、印度洋，如南非好望角、澳大利亚、新西兰等地海域。近年来常被看作入侵最严重的物种。可以食用。

门	绿藻门	Chlorophyta
纲	绿藻纲	Ulvophyceae
目	松藻目	Bryopsidales
科	松藻科	Codiaceae
属	松藻属	*Codium*

软丝藻

Ulothrix flacca (Dillwyn) Thuret in Le Jolis, 1863

门	绿藻门	Chlorophyta
纲	石莼纲	Ulvophyceae
目	软丝藻目	Ulotrichales
科	软丝藻科	Ulotrichaceae
属	软丝藻属	*Ulothrix*

藻体鲜绿或暗绿色，质软，为不分枝的丝状体，外形很像一丛绿绒毛。细胞短而宽，长度一般为宽度的1/4~3/4，但体下部的细胞则较长。基部的几个细胞向下延伸形成固着器以附着于基质上。细胞单核，色素体环绕在细胞内四周的胞壁的内面。淀粉核1~3个。

生长于中、高潮带岩石上，晚秋到初夏为生长期。我国分布于山东、浙江、福建、广东、台湾，国外分布于朝鲜半岛、韩国海域、日本海域以及大西洋沿岸。

浒苔

Ulva prolifera O.F. Müller, 1778

藻体暗绿色或亮绿色，高5~100 cm，管状或扁压，有明显的主枝，多细长分枝或育枝。分枝的直径小于主干。柄部渐尖细。藻体分为固着器、主枝和分枝3部分。固着器盘状；主枝和分枝均由单层细胞构成中空管状，细胞排列较整齐；主枝明显，多回分枝，不规则；分枝直径小于主枝，分枝基部略缢缩。有性生殖为同配或者异配，配子也可进行单性生殖。

一般生长于风平浪静海域中潮带的石沼中，春季在养殖池塘中大量繁殖，藻体断裂后可进行营养繁殖。造成黄海绿潮暴发的就是该种类。全世界各海域都有分布，以亚洲居多，我国分布于黄渤海及福建各省沿岸。

门	绿藻门	Chlorophyta
纲	石莼纲	Ulvophyceae
目	石莼目	Ulvales
科	石莼科	Ulvaceae
属	石莼属	*Ulva*

缘管浒苔

Ulva linza Linnaeus, 1753

门	绿藻门	Chlorophyta
纲	石莼纲	Ulvophyceae
目	石莼目	Ulvales
科	石莼科	Ulvaceae
属	石莼属	Ulva

藻体褐色或深绿色，不分枝，披针形或线状披针形，高约90 cm。基部呈细管状，茎中空，藻体上部扁平；两层细胞完全融合，仅有边缘细胞特殊，细胞直径10~20 μm，表面观，细胞排列无规则，每个细胞有1扁形至杯状的叶绿体和1个淀粉核。

一般生长于潮间带的岩石上或者石沼中，相比浒苔能耐受更大的风浪，广泛分布于温带、热带和亚热带海域。

孔石莼

Ulva australis Areschoug, 1854

　　藻体单生或2~3株丛生，高10~40 cm。无柄或不明显，株形差异很大，有卵形、椭圆形、披针形和圆形等，但多不规则。边缘略有褶皱或稍呈波状。体表常有大小不等的圆形或不规则的孔，随着藻体成长，几个小孔可裂为大孔，使藻体最后形成几个不规则的裂片。

　　生长于中潮带及低潮带和大于潮线附近的岩石上或石沼中，一般在海湾中较为繁盛。本种系温带性种类，为北太平洋西部的特有种类，在我国多分布于辽宁、河北、山东和江苏等省沿岸，长江以南的东海和南海沿岸也有生长，但由北往南逐渐稀少。除我国外，还分布于俄罗斯、日本及朝鲜半岛沿海。

门	绿藻门	Chlorophyta
纲	石莼纲	Ulvophyceae
目	石莼目	Ulvales
科	石莼科	Ulvaceae
属	石莼属	*Ulva*

羽藻

Bryopsis plumosa (Hudson) C.Agardh, 1823

门	绿藻门	Chlorophyta
纲	石莼纲	Ulvophyceae
目	羽藻目	Bryopsidales
科	羽藻科	Bryopsidaceae
属	羽藻属	*Bryopsis*

　　一般生长于中潮带或低潮带的礁石上或者石沼中。异型世代交替生活史，包括配子体世代和孢子体世代。配子体世代大型，藻体直立，丛生，暗绿色；株高3~10 cm。藻体分为固着器、主枝和羽状分枝3部分。固着器假根状，多年生；主枝直立，下部光滑无分枝，中上部呈规则的羽状分枝，下部分枝较长，近顶端分枝较短；同一主枝分生出的分枝位于同一平面上，呈塔形；羽状分枝较细，顶端钝圆，基部明显缢缩。配子体雌雄异株。成熟期，末端最小羽枝直接转化为配子囊。羽藻广泛分布于全世界各海域，我国沿海也多有分布。

条斑紫菜

Neopyropia yezoensis (Ueda) L.E. Yang & J. Brodie, 2020

藻体叶片状，叶形多为卵形或长卵形，体长随生长环境不同有较大的变化。一般10~25 cm，有时可达1 m以上。藻体颜色紫红、紫黑或紫褐色。基部圆形或心脏形。边缘有皱褶，边缘细胞排列紧密平整。雌雄同株，雌雄生殖细胞混生，成熟藻体上雄性生殖细胞区域多呈条纹状，镶嵌在深紫红色的果孢子囊区中而形成鲜明的条斑特征。精卵受精形成后，果孢子在春季到初夏从母体放散出来，在贝壳或其他含碳酸钙的物体表面附着、萌发并钻进其内部蔓延生长，生长成不规则分枝的或弯曲的丝状体。秋季丝状体减数分裂形成贝孢子，进而发育成膜状的紫菜。

条斑紫菜多生长于潮间带的岩礁上。叶状体生长期为11月下旬至次年6月，其中2—3月为生长盛期。在我国主要分布于浙江舟山群岛以北的东海、黄海和渤海沿岸，也是我国长江以北地区的主要养殖种类。本物种为北太平洋西部特有种类，除我国外，还分布于朝鲜半岛和日本沿海。

门	红藻门 Rhodophyta 真红藻亚门 Eurhodophytina
纲	牛毛菜纲 Bangiophyceae
目	牛毛菜目 Bangiales
科	牛毛菜科 Bangiaceae
属	紫菜属 *Neopyropia*

海头红

Plocamium telfairiae (W.J. Hooker & Harvey) Harvey ex Kützing, 1849

门	红藻门	Rhodophyta
纲	红藻纲	Florideophyceae
	真红藻亚纲	Rhodymeniophycidae
目	海头红目	Plocamiales
科	海头红科	Plocamiaceae
属	海头红属	*Plocamium*

藻体玫瑰色或带橘黄色，革膜质，扁平丝状，两侧边缘较薄。藻体固着器盘状，多回羽状分枝，分枝幅宽0.1~0.2 cm，在合轴枝产生同一方向的弯形分枝，每一分枝具有锯齿状小枝，末端小枝向内侧弯曲，丛生，高3~15 cm。藻体为合轴型，中轴细胞向两侧分裂，髓部及皮层为球状薄壁细胞。

生长于低潮线附近至潮下带水深1~5 m的礁岩上。广泛分布于我国黄海、东海，此外还分布于韩国、日本、菲律宾、澳大利亚、新西兰等地沿岸，印度洋沿岸也有分布。

多管藻

Polysiphonia senticulosa Harvey, 1862

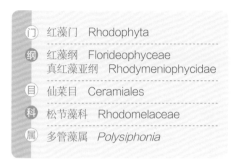

藻体丛生，分为匍匐与直立两部分，匍匐枝形成假根状的固着器。直立枝圆柱状，有辐射状的分枝，分枝顶端有分枝或不分枝的毛丝体。单轴型，高5~25 cm，羽状分枝，枝间多假根串联。本种形态随株龄及生境变化而变化，冬季藻色鲜红、纤细；夏季藻色变深，枝干呈黑褐色，下部枝延伸成钩刺状反曲。囊果壶状具长颈宽口。

一般生长于低潮带的岩石上，喜生于龙须菜等人工筏架上，成为一种敌害藻类。我国黄海、渤海、东海均多见，日本北海道、九州、本州，美国奥卡斯岛、阿拉斯加和加利福尼亚州沿海也有分布。

门	红藻门	Rhodophyta
纲	红藻纲	Florideophyceae
	真红藻亚纲	Rhodymeniophycidae
目	仙菜目	Ceramiales
科	松节藻科	Rhodomelaceae
属	多管藻属	*Polysiphonia*

日本角叉菜
Chondrus nipponicus Yendo, 1920

门	红藻门	Rhodophyta
纲	红藻纲	Florideophyceae
	真红藻亚纲	Rhodymeniophycidae
目	杉藻目	Gigartinales
科	杉藻科	Gigartinaceae
属	角叉菜属	*Chondrus*

藻体暗紫红色，有时呈现绿色，膜质或肉质，直立，单生或丛生，扁平叶状，高3~8 cm。藻体分为固着器、柄和叶状体3部分。基部具不规则盘状固着器，借以固着于基质上；近基部楔形，向上逐渐扩张；叉状分枝，腋角圆，边缘全缘或有小育枝，末枝顶端钝形，二裂或微尖。

生长于大潮线以下的岩石上。除分布于我国黄渤海之外，在日本北海道、日本海和朝鲜半岛也有分布。

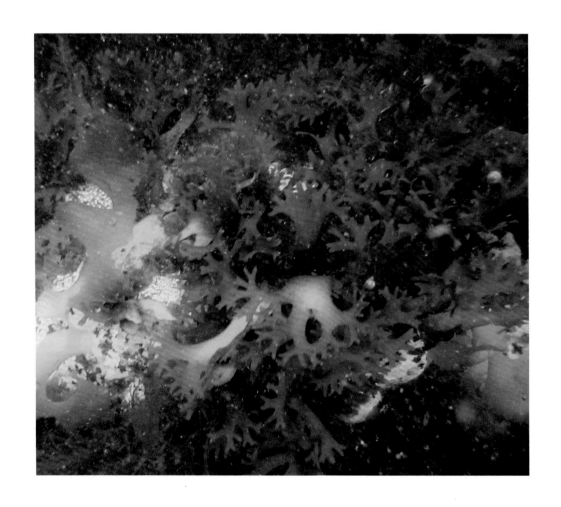

单条胶粘藻
Dumontia simplex Cotton, 1906

藻体直立，多数丛生，单条不分枝，基部具小盘状固着器，其上有一短而较细的楔形柄，向上逐渐扩张成为倒披针形或线形至长圆形的扁平叶片，长3~35 cm，宽0.5~2 cm，幼时顶端宽钝圆形，老成后顶端破碎或渐尖，边缘全缘呈波状。藻体紫红色或黄褐色，胶质膜状，制成的腊叶标本能很好地附着于纸上。

生长于潮下带岩石上或潮间带石沼中。在我国分布于山东、辽宁沿海，在朝鲜半岛、日本、俄罗斯远东地区、阿留申群岛及美国阿拉斯加州沿海也有分布。

门	红藻门	Rhodophyta
纲	红藻纲	Florideophyceae
	真红藻亚纲	Rhodymeniophycidae
目	杉藻目	Gigartinales
科	胶粘藻科	Dumontiaceae
属	胶粘藻属	*Dumontia*

真江蓠

Agarophyton vermiculophyllum (Ohmi) Gurgel, J.N. Norris & Fredericq, 2018

门	红藻门	Rhodophyta
纲	红藻纲	Florideophyceae
	真红藻亚纲	Rhodymeniophycidae
目	江蓠目	Gracilariales
科	江蓠科	Gracilariaceae
属	江蓠属	*Agarophyton*

　　藻体圆柱状多分枝，颜色变化较大，红褐色或紫褐色，有时略带绿或黄色，株高10~30 cm。藻体分为固着器、主枝和分枝3部分。固着器盘状；枝多伸长，常被有短的或长的小枝，或裸露不被小枝；分枝互生或偏生，基部明显缢缩。生殖细胞由皮层细胞形成，散布于藻体表面。

　　主要生长于中、低潮带的岩石或石砾、贝壳等物上。广泛分布于我国海域，国外分布于朝鲜半岛、日本和越南，近年作为入侵种出现在北美和欧洲。

石花菜

Gelidium amansii Okamura, 1934

藻体紫红色或棕红色，扁平直立，丛生，或分为直立与匍匐两部分。软骨质。藻体分枝很多，4~5次羽状分枝，主枝生侧枝，侧枝上生小枝，小枝对生或互生，各分枝末端急尖，高10~30 cm。藻体下部枝扁压，两缘薄，上部枝为亚圆柱形或与下部相同。单轴型。固着器假根状，一般呈黑色。

一般生于水流较急，透明度较高的海区低潮带岩石上或潮间带的石沼中。石花菜是我国黄、东海沿岸常见的海藻；还分布于俄罗斯、日本和朝鲜半岛。

门	红藻门	Rhodophyta
纲	红藻纲 真红藻亚纲	Florideophyceae Rhodymeniophycidae
目	石花菜目	Gelidiales
科	石花菜科	Gelidiaceae
属	石花菜属	*Gelidium*

金膜藻

Chrysymenia wrightii (Harvey) Yamada, 1932

门	红藻门 Rhodophyta
纲	红藻纲 Florideophyceae 真红藻亚纲 Rhodymeniophycidae
目	红皮藻目 Rhodymeniales
科	红皮藻科 Rhodymeniaceae
属	金膜藻属 *Chrysymenia*

藻体紫红色，直立，单生或丛生。基部具盘状固着器，以附着于基质上；其上具短柄，圆柱形；主枝较明显，互生、对生或不规则分枝，枝基部明显缢缩，枝端渐尖；最末小枝有的稍向内弯；藻体膜质光滑，含有胶质，制成的腊叶标本能较好地附着于纸上。

生活于低潮线附近至潮下带深处的岩石上。在我国主要分布在黄渤海海域，国外分布于朝鲜半岛、日本和俄罗斯远东地区海域。

海索面

Nemalion vermiculare Suringar, 1874

藻体紫红色，黏滑，像面条。藻体圆柱形，直立，不分枝或仅基部稍有分枝。内部为多轴型，髓部由许多平行或亚平行的藻丝组成，分生细胞在藻丝顶端。髓丝向外生出侧丝组成皮层，它垂直于髓丝，是由许多椭圆形的细胞组成，呈叉状分枝，每个细胞有1个星状色素体。雌雄同体，精子囊及果胞枝常生在同一藻体的不同分枝上。

生长于潮间带上部的岩石上。在我国分布在山东和辽宁水质清澈的离岛沿岸，国外分布在日本、朝鲜半岛和俄罗斯远东地区海域。

门	红藻门 Rhodophyta
纲	红藻纲 Florideophyceae 真红藻亚纲 Rhodymeniophycidae
目	海索面目 Nemaliales
科	海索面科 Nemaliaceae
属	海索面属 *Nemalion*

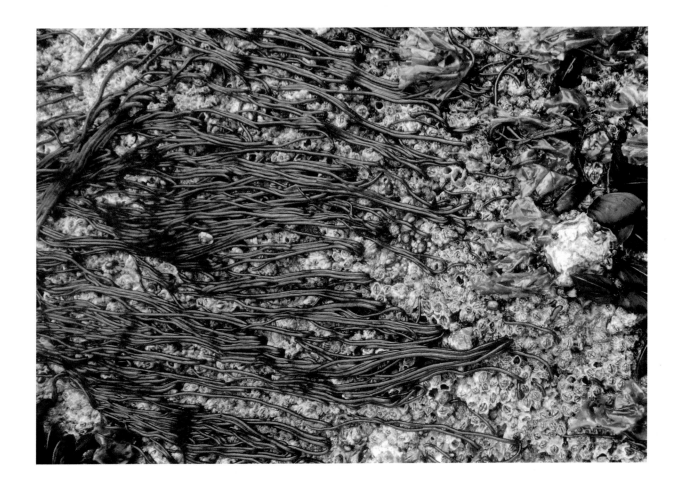

小珊瑚藻

Corallina pilulifera Postels & Ruprecht, 1840

门	红藻门	Rhodophyta
纲	红藻纲	Florideophyceae
	珊瑚藻亚纲	Corallinophycidae
目	珊瑚藻目	Corallinales
科	珊瑚藻科	Corallinaceae
属	珊瑚藻属	*Corallina*

藻体直立丛生，钙质化，灰红色略带粉红色，高3~6 cm。主枝及侧枝均具关节，其上对生出羽状分枝或小枝，节间基部圆柱形，上端略广展，枝顶端的节间圆柱状，顶端略平；次生分枝狭窄，圆柱形，节间不钙化。

常见于潮间带岩石或石沼中。分布于我国辽宁、山东、浙江沿海，全世界广布种。

叉开网翼藻

Dictyopteris divaricata (Okamura) Okamura, 1932

藻体黄褐色，长10~20 cm，叶片宽1~2 cm。附着器由大量毛状假根聚集构成。规则地重复双分叉形，叶状体扁平具有中肋，尖端生长点细胞由一列分生细胞构成。生活史为同型世代交替，配子体雌雄异株。成熟孢子体的四分孢子囊散布在叶状体上。

喜生活在流水通畅、透明度较大的冷水海域。在我国分布于黄渤海。国外分布于日本、朝鲜半岛、巴基斯坦、澳大利亚、新西兰等地海域，以及红海。

门	褐藻门	Ochrophyta
纲	褐藻纲	Phaeophyceae
目	网地藻目	Dictyotales
科	网地藻科	Dictyotaceae
属	网翼藻属	*Dictyopteris*

萱藻

Scytosiphon lomentaria (Lyngbye) Link, 1833

门	褐藻门	Ochrophyta
纲	褐藻纲	Phaeophyceae
目	水云目	Ectocarpales
科	萱藻科	Scytosiphonaceae
属	萱藻属	*Scytosiphon*

藻体黄褐色至褐色，单条丛生，直立，管状，膜质，高50~100 cm，幼时中实，逐渐变为中空。圆柱形，有时稍扁或扭曲，节部一般缢缩，但也有平滑无节的。藻体顶端尖细或钝圆，基部细。体内为髓部和内外皮层所组成。近体表1~2层细胞小，排列紧密，含色素体，向内为皮层细胞，大而无色，中间髓部细胞无色，由于逐渐发生分离，最后中央变成空腔。藻体成熟时，多室配子囊分布于体表呈斑块状。藻体固着器盘状。

生于中低潮带岩石或石沼内。系泛温性海藻，我国北起辽东半岛，南至广东省海陵岛的海域中均有分布。日本和朝鲜半岛也有分布。

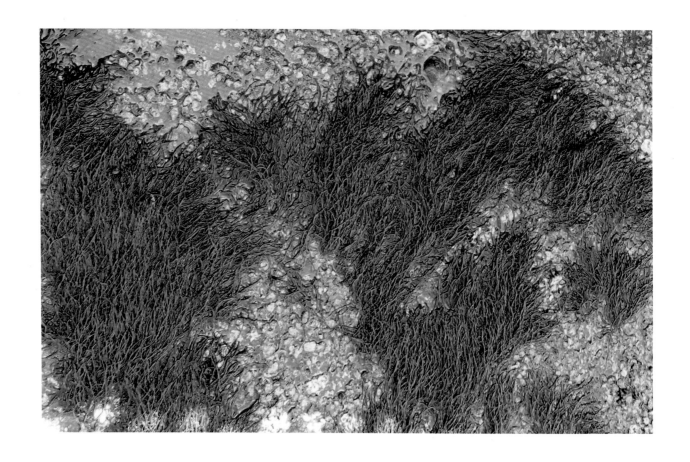

酸藻

Desmarestia viridis (O.F. Müller) J.V. Lamouroux, 1813

藻体淡褐色，离水死亡不久变青绿色。固着器盘状，基部有短柄，藻体分枝繁密，数回近羽状分枝，向上分枝渐细，成细毛状，各分枝有中轴，分枝亚圆柱形，主轴扁压，形似马尾。藻体由藻丝黏合成单轴假膜体，多次分枝，毛基生长。藻体含有硫酸，pH可达0~1，据推测其pH低是为了抵御捕食者。

生于中、低潮带岩石上。广泛分布于全球冷温带海域。在我国分布于山东和辽宁海域。

门	褐藻门	Ochrophyta
纲	褐藻纲	Phaeophyceae
目	酸藻目	Desmarestiales
科	酸藻科	Desmarestiaceae
属	酸藻属	*Desmarestia*

绳藻

Chorda asiatica H.Sasaki & H.Kawai, 2007

门	褐藻门	Ochrophyta
纲	褐藻纲	Phaeophyceae
目	绳藻目	Chordales
科	绳藻科	Chordaceae
属	绳藻属	*Chorda*

藻体绳状，褐色，丛生，黏滑，有时扭曲呈螺旋状，单条不分枝，两端窄细。固着器盘状，上部中空，下部中实，有横隔将中空部分隔成许多腔。体长0.5~3 m，直径3~5 mm。幼时具密生的无色或淡黄色的毛。藻体成熟后，单室孢子囊、隔丝和毛分散在藻体的表面。孢子体是大型藻体，配子体为微小丝状的分枝体，卵囊和精子囊分别生于雌雄配子体的侧面或顶端。

生长于低潮线下1~5 m深处的岩石上。北半球冷水种藻类，分布在我国的辽宁和山东海域，朝鲜半岛、日本、俄罗斯以及欧洲和北美也有分布。

裙带菜

Undaria pinnatifida (Harvey) Suringar, 1872

藻体褐色，整体轮廓呈披针形，明显地分为叶片、柄部和固着器3部分。叶基部是叶柄和固着器，固着器多叉状假根。叶高 1~2 m，宽50~100 cm，叶中央由柄延伸成中肋直抵叶端，叶面上散布着许多黑色小斑，叶表生有无色丛毛。成熟藻体在柄部形成多重褶皱的孢子叶，外形似"裙带"因而得名。山东和辽宁海域所产的个体叶上缺刻深，叶形较细长，浙江舟山海区所产的个体叶上缺刻浅，整个叶片呈片状。

多生长于风浪不太大，水质富含养分的海湾内，在大潮线下 1~3 m的海底岩礁上自然生长，分布于中国辽宁、山东及浙江嵊泗列岛的海域，也是重要的养殖种类之一。原生于西北太平洋，包括俄罗斯的太平洋海岸，日本和朝鲜半岛。由于人类的活动而扩散到法国、意大利、非洲、北美和新西兰等国家，被认为是一种外来入侵物种。

门	褐藻门	Ochrophyta
纲	褐藻纲	Phaeophyceae
目	海带目	Laminariales
科	翅藻科	Alariaceae
属	裙带菜属	*Undaria*

海带

Saccharina japonica (Areschoug) C. Lane, Mayes, Druehl & G.W. Saunders, 2006

门	褐藻门	Ochrophyta
纲	褐藻纲	Phaeophyceae
目	海带目	Order Laminariales
科	海带科	Laminariaceae
属	海带属	*Saccharina*

　　藻体褐色，革质，单条，片状，不分枝，高2~5 m，宽20~30 cm。固着器为数次叉状分枝的假根组成。柄部较短，下部呈圆柱形，上部扁压。叶片光滑，全缘，但具有波状褶皱，单室孢子囊群位于成熟藻体叶片表面。叶片和柄部的构造大致相同，区分为表皮、皮层和髓部3种组织。居间生长，即生长区位于叶片基部、柄部上端。生活史为孢子体发达的异型世代交替。

　　一般生长于低温清澈的海区，潮下带2~3 m深的岩石上。我国原没有野生海带分布，后通过养殖引种，海带已在我国辽宁和山东自然海域定着生长。野生海带主要分布于俄罗斯和日本的北海道。

海黍子

Sargassum muticum (Yendo) Fensholt, 1955

藻体黄褐色，枝叶繁茂，生长于深水区的个体高达2~3 m，潮间带石沼中的个体小，一般30~60 cm。幼体初生叶倒披针形或倒卵圆形，1~3片，全缘或略有粗齿，无中肋，主枝多条由主干顶端螺旋式地丛生。主枝亚圆柱形，表面光滑或无突起，具有3~5条纵沟，有轻度的扭曲，次生鳞片叶为披针形、倒卵圆形和亚楔形。次生枝自次生叶腋间生出，其上生有三生叶，这种叶为楔形或亚楔形，两边不对称，为海黍子典型藻叶。气囊生于次生枝与三生小枝上，多集中在枝端，幼时纺锤形或椭圆形，成熟时为亚球形或倒梨形。雌雄同株，生殖托圆柱形，顶端稍尖，生于叶腋间，单条，偶有分枝，总状排列。

多生长于背风浪的海域，环境耐受性较强。该种曾在我国沿海广泛分布，但是近年分布范围缩小，连云港以南海域没有发现。国外分布于日本、俄罗斯以及朝鲜半岛。该种作为入侵种也出现在欧洲海域，分布范围逐年扩大。

门	褐藻门	Ochrophyta
纲	褐藻纲	Phaeophyceae
目	墨角藻目	Fucales
科	马尾藻科	Sargassaceae
属	马尾藻属	*Sargassum*

海蒿子

Sargassum confusum C. Agardh, 1824

<table>
<tr><td>门</td><td>褐藻门</td><td>Ochrophyta</td></tr>
<tr><td>纲</td><td>褐藻纲</td><td>Phaeophyceae</td></tr>
<tr><td>目</td><td>墨角藻目</td><td>Fucales</td></tr>
<tr><td>科</td><td>马尾藻科</td><td>Sargassaceae</td></tr>
<tr><td>属</td><td>马尾藻属</td><td>Sargassum</td></tr>
</table>

　　藻体黄褐至暗褐色。主干一般单生，主枝自主干两侧成钝角或直角羽状生出。侧枝自主枝的叶腋间生出，幼枝上和主干幼期内均生有短小的刺状突起。藻叶的形状变异很大，初生叶为披针形、倒卵形或倒披针形，叶片革质，全缘。气囊多生在末枝上，幼期为纺锤形或倒卵形，顶端有针状突起，成熟时为球形或亚球形。生殖托为亚圆柱形，总状排列于生殖小枝上。

　　生长于低潮线下1~4 m深处的岩石上。该种盛产于我国黄渤海沿岸。国外分布于俄罗斯、日本和朝鲜半岛。

裂叶马尾藻

Sargassum siliquastrum (Turner) C. Agardh, 1820

藻体暗褐色，体质粗硬。固着器圆锥状或盘状。主干圆柱形，其上生出数条粗壮而扁压的初生枝。近基部枝为三棱形，扭曲，上部枝则近圆柱状。藻体下部的叶长而宽，向下强烈反曲，叶缘近于全缘。中部的叶呈锯齿形或重锯齿形。叶质自薄纸质至厚革质。上部的叶窄细，有深裂，可裂为中肋。多年生，藻体上部成熟腐烂后，基部仍然保留，到次年的春夏生长季节其上生出新分枝，长成藻体。

多生于低潮线下1~5 m深处的岩礁上，少数生长于低潮带的大石沼中。在我国分布于辽宁旅顺、大连、长海，山东长岛，福建平潭等地海域。国外分布于朝鲜半岛和日本。

门	褐藻门	Ochrophyta
纲	褐藻纲	Phaeophyceae
目	墨角藻目	Fucales
科	马尾藻科	Sargassaceae
属	马尾藻属	*Sargassum*

二、刺胞动物

绿侧花海葵
Anthopleura fuscoviridis Carlgren, 1949

门	刺胞动物门　Cnidaria
纲	珊瑚虫纲　Anthozoa
目	海葵目　Actiniaria
科	海葵科　Actiniidae
属	侧花海葵属　*Anthopleura*

　　海葵体圆柱形，柱体布满鲜绿色疣突，在柱体上部密集排列，在柱体下部则相对稀疏。柱体上端与口盘交界处的胸壁上的结节呈白色或浅黄白色。触手呈浅绿色或者灰褐色，基部为暗淡红色、红褐色或淡黄色或白色，当触手收缩时斑点呈黄色或粉红色。口呈不透明的白色，口盘绿色，垂唇处较深，边缘有的为红色。

　　海葵栖息于潮间带和潮下带海水冲击的岩石上。它们的上面常粘有沙砾、碎贝壳和其他外来物。在大连、北戴河、塘沽、烟台、青岛、舟山等浙江以北的潮间带较常见。绿侧花海葵生命力强，生长迅速，部分生境每平方米绿侧花海葵的数量常达上百个。海葵柱体布满鲜绿色的疣突，比较容易辨识。在海水养殖区，绿侧花海葵与养殖贻贝等物种形成竞争关系，对水产养殖造成一定的危害。

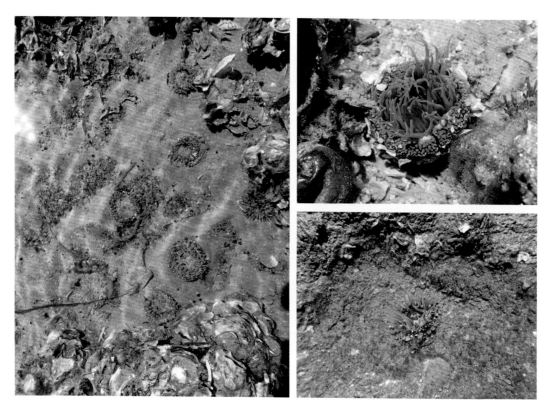

朴素侧花海葵

Anthopleura inornata (Stimpson, 1855)

海葵体伸展时为圆柱状，足盘宽大。柱体浅绿色，表面布满棕黄色的疣突，呈椭圆形球体。当海葵收缩时，疣突在身体最外侧包裹整个海葵体。触手较长，棕黄色或深橄榄色，有的底端膨大呈小圆球形，按6的倍数排列，约96个。边缘球棕黄色，约48个。口盘深橄榄色。口位于口盘中央，卵圆形，周围隆起明显，口与触手之间宽阔。触手长，口盘面无斑点。

朴素侧花海葵广泛分布于中国沿海海域潮间带，常附着于礁石的缝隙内生长。

门	刺胞动物门	Cnidaria
纲	珊瑚虫纲	Anthozoa
目	海葵目	Actiniaria
科	海葵科	Actiniidae
属	侧花海葵属	*Anthopleura*

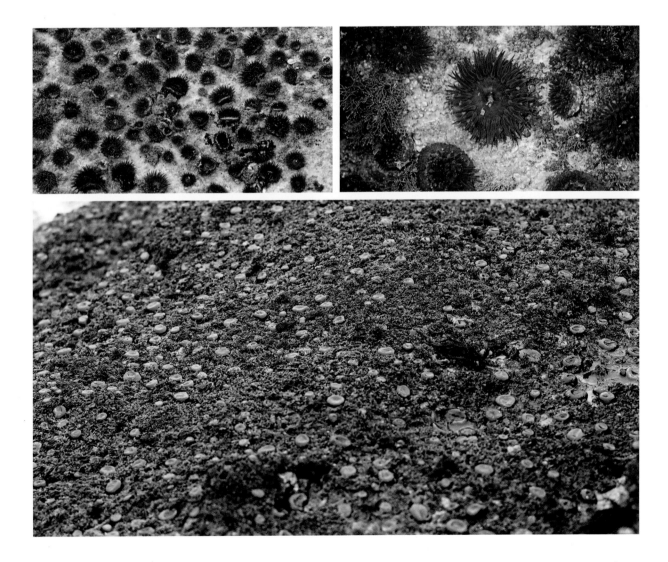

格氏丽花海葵

Urticina grebelnyi (Sanamyan & Sanamyan, 2006)

门	刺胞动物门	Cnidaria
纲	珊瑚虫纲	Anthozoa
目	海葵目	Actiniaria
科	海葵科	Actiniidae
属	丽花海葵属	*Urticina*

海葵体近圆柱形，下端大于上端，柱体表面粗糙，布满疣状突起，疣突不具黏附性，因此柱体上通常没有沙砾、贝壳等外来物的附着。活体状态柱体棕色，具红色或紫色的斑块。触手粗短，约160个，大小相近。基部直径、柱体高和柱体上部直径从 1~7 cm。

格氏丽花海葵分布在黄海海域水深30~78 m处，生活底质为沙质泥或碎石。在北黄海，格氏丽花海葵与须毛高龄细指海葵二者经常一起被采到，是一些海区的优势种。近年来，越来越多的人尤其是青岛人接受了格氏丽花海葵成为餐桌上的一道菜肴，可以用辣椒炒食，也可以做汤，以做汤居多，可以增加鲜味。

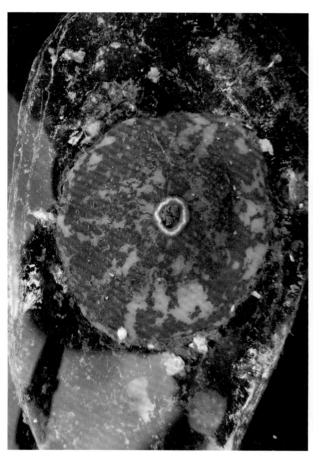

日本美丽海葵
Calliactis japonica Carlgren, 1928

海葵体黄褐色，布满红褐色斑点，伸展时圆柱形，活体高达60 mm。身体分为基部、柱体和头部。基部发达，通常附着在褐管蛾螺等螺类的壳上，有时附着于寄居蟹栖居的螺壳上，在无螺壳时，海葵基部包裹泥沙、碎壳等杂物。触手纤细，有的个体为纯黄色，有的为透明色，或具暗红色斑点，约192个。外触手较小，内触手长于外触手。

生活在水深 0~210 m，但多在 40~100 m。此种海葵多附着在褐管蛾螺螺壳上，通常一只螺上附着一只海葵，一般螺的大小对应于海葵大小。但有时可见多个海葵同时附着在一只螺或死的螺壳上，而且被附着的螺并非总是褐管蛾螺。此种海葵在南黄海和东海水域数量极大，为当地的优势种。在日本和韩国也有发现。

门	刺胞动物门	Cnidaria
纲	珊瑚虫纲	Anthozoa
目	海葵目	Actiniaria
科	链索海葵科	Hormathiidae
属	美丽海葵属	*Calliactis*

须毛高龄细指海葵

Metridium senile (Linnaeus, 1761)

门	刺胞动物门　Cnidaria
纲	珊瑚虫纲　Anthozoa
目	海葵目　Actiniaria
科	细指海葵科　Metridiidae
属	细指海葵属　*Metridium*

　　活体为白色、橘黄色或红褐色，触手颜色同柱体一致或灰白色。身体多为圆柱形，可分为足盘、柱体和头部，头部具领窝，但不同个体形态变化很大。个体较大，足盘发达，通常大于柱体和口盘直径，最大超过 10 cm。海葵柱体光滑，部分个体柱体有白色线状枪丝从壁孔射出。口盘分叶，大个体明显，部分小个体不分叶。触手在口盘外缘细小，排列紧密，向里逐渐变大、稀疏；部分大个体在首轮进食触手之间具捕捉触手。

　　主要分布于西北太平洋沿岸，在黄渤海较为常见，生活在潮间带至 225 m 深的浅海。其生活底质多为软泥，但通常固着于石块或螺壳上，大个体可包裹整个螺壳，一个螺壳也可固着多个个体。常与格氏丽花海葵一起被采到。

米氏齿珊瑚

Oulangia stokesiana miltoni Yabe & Eguchi, 1932

单体珊瑚，圆柱形或略呈椭圆形，柱体的宽大于高。珊瑚呈浅棕色或橙色，活着的珊瑚顶端呈现浅粉色。珊瑚窝很浅。由于珊瑚从基部共骨处出芽生殖，所以有时可见珊瑚虫之间有连接。珊瑚肋宽，扁平或稍微凸起，宽度相等。珊瑚含五轮隔片，隔片数多为48个。

生活在黄海的潮间带至浅海，固着于岩石、岸礁等硬质底质上，大量繁殖后能成为固着污损生物。

门	刺胞动物门	Cnidaria
纲	珊瑚虫纲	Anthozoa
目	石珊瑚目	Scleractinia
科	根珊瑚科	Rhizangiidae
属	齿珊瑚属	*Oulangia*

海蜇

Rhopilema esculentum Kishinouye, 1891

门	刺胞动物门	Cnidaria
纲	钵水母纲	Scyphozoa
目	冠水母目	Coronatae
科	根口水母科	Rhizostomadae
属	海蜇属	*Rhopilema*

海蜇由伞部和口腕部两部分所组成。外伞表面光滑，胶质层厚实。内伞有许多围绕胃腔排列的环肌。环肌呈红褐色、深褐色、金黄色或乳白色。含8条口腕，口腕呈3翼形，在各翼皱褶上着生许多小指状和纺锤状附属物。腕的末端有1条粗而长的棒状附属物。海蜇主要分布于渤海沿岸的辽宁，黄海沿岸的山东，东海沿岸的江苏、浙江以及福建等地。

海蜇是一种低胆固醇和低脂肪的食物，含有丰富的蛋白质、碳水化合物、维生素B_1和B_2等多种营养元素。海蜇触手上面含有大量的刺丝囊，内含有大量的毒液，这些毒液被称为海蜇毒素。当刺丝刺入人体皮肤后，会迅速释放海蜇毒素，能引发皮肤瘙痒、水肿、肌痛、呼吸困难、低血压、休克甚至死亡。

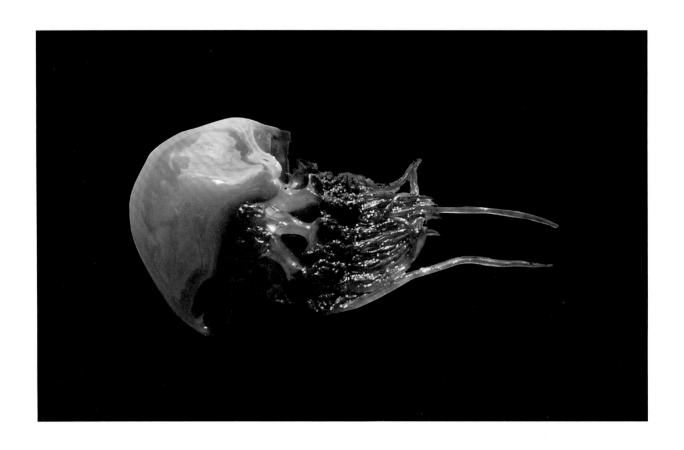

三、海绵动物

宽皮海绵

Suberites latus Lambe, 1893

宽皮海绵呈块状，近似椭球形，颜色多样，有橘红色、灰土色、黄色等，上表面有褶皱状突起，下表面较平坦。有出水口不均匀地分布在海绵表面且多位于突起的顶端。酒精浸泡后海绵呈褐色。内有大寄居蟹共生，海绵质地较硬，可压缩。大骨针为大头骨针，有两种不同的大小。小骨针为小杆骨针。该种的小杆骨针为带棘的中头棒状骨针。外皮层骨骼由相对较小的大头骨针紧密排列而成，大头骨针的尖端突出身体的表面。领细胞层骨骼主要由相对较大的大头骨针杂乱无章地排列。生活在黄海，内有大寄居蟹，底拖网数量较大。

门	多孔动物门	Porifera
纲	寻常海绵纲	Demospongiae
	异骨海绵亚纲	Heteroscleromorpha
目	皮海绵目	Suberitida 9
科	皮海绵科	Suberitidae
属	皮海绵属	*Suberites*

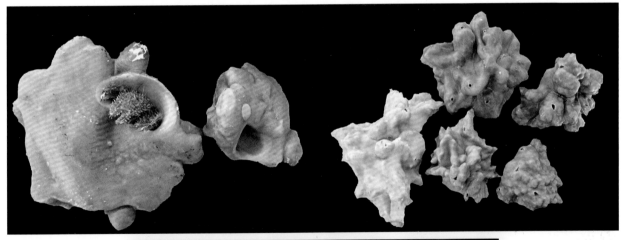

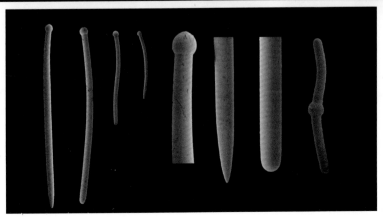

青岛白枝海绵

Leucosolenia qingdaoensis Chu, Gong & Li, 2020

门	多孔动物门	Porifera
纲	钙质海绵纲	Calcarea
	钙质海绵亚纲	Calcaronea
目	白枝海绵目	Leucosolenida
科	白枝海绵科	Leucosoleniidae
属	白枝海绵属	*Leucosolenia*

薄管状海绵，有很多树枝状的分叉结构，出水口位于直立管状的顶端，活体海绵和保存于酒精中的海绵均呈白色。海绵表面粗糙，有很多二辐骨针呈直角或斜角突出，质地柔软且易碎。海绵体的壁很薄，没有发育完全的进水通道，所有内腔都由领细胞包被，典型的单沟型海绵。分布于黄海，能在扇贝养殖池生长。

青岛白枝海绵营底栖固着生活，常附着在贝壳表面，也会出现在船舶、浮筏、网笼、网箱及其他海上设施的表面上，会堵塞网目，加速网笼的老化，影响笼内外的水质交换，与养殖种类争食夺饵，对其危害较大。

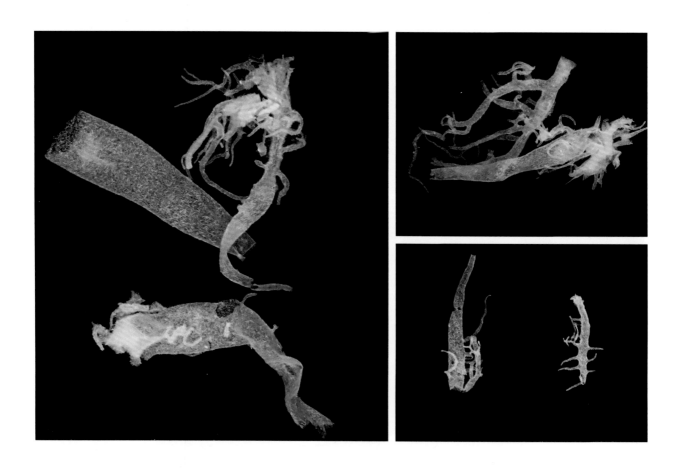

四、环节动物

澳洲鳞沙蚕
Aphrodita australis Baird, 1865

体卵圆形，体长5~8 cm，背凸腹平。口前叶圆，具1根短的中触手，被第1节的突起物覆盖。触角两个，上具小乳突。背鳞15对。疣足具背腹须。背足刺状刚毛深褐色，具金属光泽，长而明显弯曲。腹刚毛平滑，末端常有少量细毛。

澳洲鳞沙蚕生活在潮间带至水深约100 m的泥沙底质，为世界性广布种，广泛分布于印度洋、太平洋东北部，我国见于渤海、黄海、东海和台湾海峡。

门	环节动物门 Annelida
纲	多毛纲 Polychaeta
目	叶须虫目 Phyllodocida
科	鳞沙蚕科 Aphroditidae
属	鳞沙蚕属 *Aphrodita*

日本强鳞虫

Sthenolepis japonica (McIntosh, 1885)

门	环节动物门	Annelida
纲	多毛纲	Polychaeta
目	叶须虫目	Aphroditiformia
科	锡鳞虫科	Sigalionidae
属	强鳞虫属	*Sthenolepis*

虫体细长，约5 cm，蠕虫形。鳞片多对，覆盖背面，透明具黄锈色块。口前叶圆，黄锈色，两对眼等大且呈四边形排列，前对眼位于中央触手基节的前下方，从背面仅见一部分。中触手基部耳突状；侧触手位于第1疣足的内背侧。项器不明显。疣足双叶型，背部有3个栉状突，端部唇叶上有数个茎状突。背刚毛刺毛状；腹刚毛为复型长刺状，常伴有少量的双面锯齿状简单刚毛和短刺状复型刚毛。

日本强鳞虫通常在潮下带自由生活，首次发现于日本沿海，在太平洋、孟加拉湾、阿拉伯海均有分布。在我国主要分布于渤海和黄海。

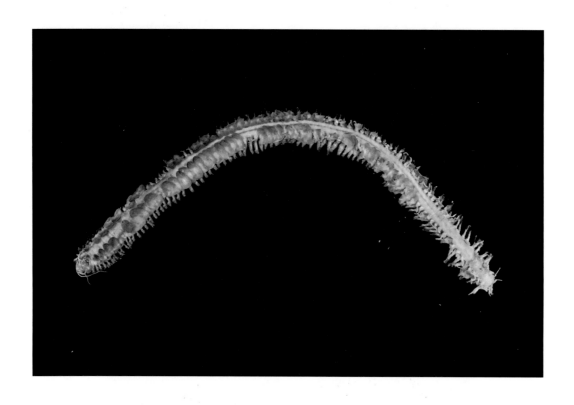

狭细蛇潜虫

Oxydromus angutifrons (Grube, 1878)

狭细蛇潜虫口前叶椭圆形。2对红眼呈矩形排列，前1对月牙形，后1对椭圆形。1对腹位的触角具2个环轮。3个触手，中央触手很小，乳突状、位于口前叶前缘中间，侧触手位于口前叶前缘两边，远比中央触手长。6对细须状的触须光滑，位于前3个体节。翻吻无颚齿，具须状端乳突。疣足双叶型，背须细长光滑，近基部具基节，腹须细指状，背刚叶退化，腹刚叶的前刚叶圆钝，短于舌状的后刚叶。背须基部具1根内足刺和4~5根简单型叉状刚毛。腹刚叶具很多复型镰状双齿刚毛，端片长短不一。

狭细蛇潜虫栖息于潮间带及潮下带泥沙底质。分布于红海、波斯湾、菲律宾沿岸、日本沿岸。在我国分布于黄海。

门	环节动物门	Annelida
纲	多毛纲	Polychaeta
目	叶须虫目	Phyllodocida
科	海女虫科	Hesionidae
属	蛇潜虫属	*Oxydromus*

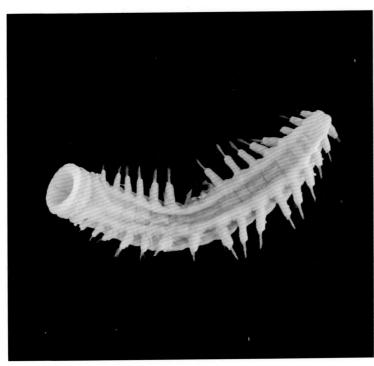

泥米列虫

Melinna elisabethae McIntosh, 1918

门	环节动物门	Annelida
纲	多毛纲	Polychaeta
目	蛰龙介目	Terebelliformia
科	双栉虫科	Ampharetidae
属	米列虫属	*Melinna*

虫体细长，约5 cm。口前叶具1对横向的腺脊。口触手光滑。4对光滑棒状鳃。1对鳃后钩刚毛位于第4体节。第3~6体节具腹刚毛，第5~6体节具有背刚毛。第6体节背向具1锯齿状的背脊。从第7体节始具胸齿片，共14个胸齿片刚节。腹区具72个齿片刚节，无小背足叶，无背须。

泥米列虫为潮下带常见种类，营管栖生活，栖管厚，泥质，上覆植物或碎贝壳。在北冰洋加拿大部分、欧洲、西北大西洋、波弗特海均有分布，在我国分布于黄海、渤海潮下带泥质底质。

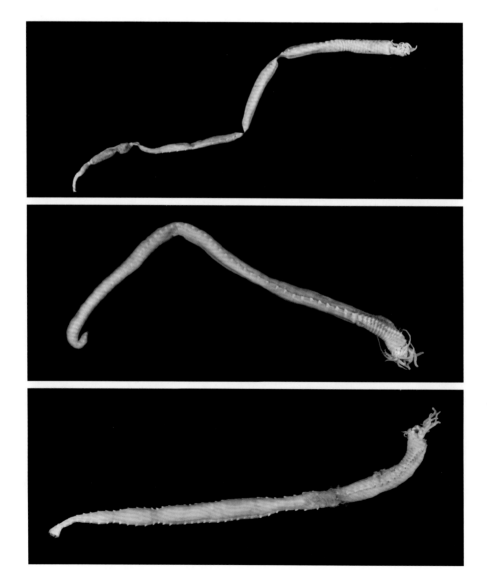

中国羽鳃栉虫
Phyllocomus chinensis Sui & Li, 2017

虫体扁平，前部宽，向后逐渐变细，尾部区域最细。体长较短，约 5 cm，宽 5 mm，体节数量 61~70 不等。触须光滑。无眼点。胸部具 15 体节，背刚毛呈翅毛状。稃刚毛和鳃后钩刚毛皆无。具 4 对鳃。腹区齿片具齿。尾部具 1 对较长的肛须和乳突。

中国羽鳃栉虫为中国黄海特有种，在潮下带的泥沙底质里建造膜质栖管，平时生活在栖管内，取食时头部伸出栖管开口端，用发达的口触手，在海底搜集有机碎屑为食。

门	环节动物门 Annelida
纲	多毛纲 Polychaeta
目	蛰龙介目 Terebelliformia
科	双栉虫科 Ampharetidae
属	羽鳃栉虫属 *Phyllocomus*

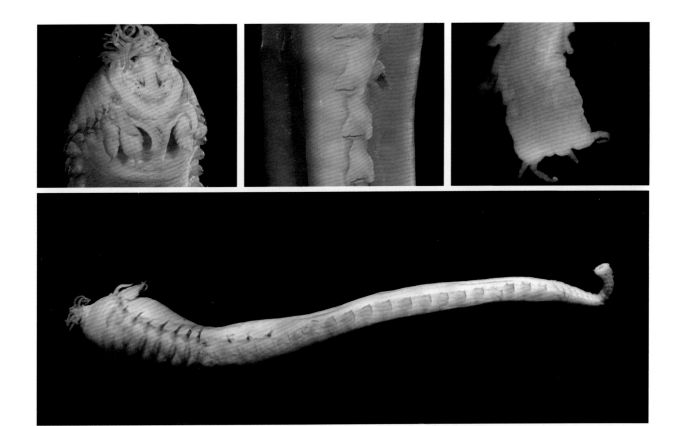

吻蛰虫
Artacama proboscidea Malmgren, 1866

门	环节动物门	Annelida
纲	多毛纲	Polychaeta
目	蛰龙介目	Terebelliformia
科	蛰龙介科	Terebellidae
属	蛰虫属	*Artacama*

　　吻蛰虫有1个很大的外翻的吻，从围口节前腹面伸出，其上有很多锥状乳突。第2~3节上无侧瓣。3对丝状鳃位于第2~4节上，鳃丝从基柄上生出。背刚毛始于第4节，有17个胸刚节；腹齿片始于第5节，前胸腹齿片单排，后胸腹齿片双排，齿片鸟嘴形，主齿上具很多小齿。腹区齿片具柄。

　　吻蛰虫在潮下带管栖生活。广泛分布于北大西洋、白令海、日本，在我国黄海也有分布。

北部扁蛰虫
Loimia borealis Wang, Sui, Kou & Li, 2020

虫体细长，触手叶短领状，无眼点，触手须状。鳃为3对等大的树枝状位于第2~4节。围口节膜叶状，第2、第3节具愈合的侧瓣。胸区有17个刚节，背刚毛翅毛状，末端光滑。具7个腹腺垫，始于第2体节。腹区腹齿片始于第2刚节排成1排，齿从第7~16刚节开始排成两排，每个齿片有5~6个齿梳状。腹区齿片位于方形腹枕上，齿片形状同胸区的。

北部扁蛰虫为中国特有种，仅分布于我国北方沿海。多栖息于潮间带，营管栖生活，栖管膜质外覆有泥沙、碎石和碎壳等。

门	环节动物门	Annelida
纲	多毛纲	Polychaeta
目	蛰龙介目	Terebelliformia
科	蛰龙介科	Terebellidae
属	扁蛰虫属	*Loimia*

树扁蛰虫
Loimia arborea Moore, 1903

(门)	环节动物门	Annelida
(纲)	多毛纲	Polychaeta
(目)	蛰龙介目	Terebelliformia
(科)	蛰龙介科	Terebellidae
(属)	扁蛰虫属	*Loimia*

虫体细长，有眼点，触手须状。鳃3对，树枝状位于第2~4节。围口节膜叶状，第1、3节具侧瓣。胸区有17个刚节，背刚毛翅毛状，末端光滑。具9个腹腺垫。腹区腹齿片始于第2刚节排成1排，齿从第7~16刚节开始排成两排，每个齿片有5~6个齿梳状。腹区齿片位于方形腹枕上，齿片形状同胸区的。

树扁蛰虫为西北太平洋地区常见种，在我国北方沿海有分布。通常在潮间带管栖生活，栖管膜质外覆有泥沙、碎石和碎壳等。

巨伪刺缨虫

Pseudopotamilla myriops (Marenzeller, 1884)

鳃冠具细丝40~46对，每个放射鳃丝外侧有褐色大小不等的眼点6~9个（个别鳃丝无眼点）。领背面低分离，两侧有深裂，腹面具两个大的叶使领成4叶。胸区背面具翅毛状和匙状稃刚毛，腹面具1排鸟头体齿片（柄较长）和1排宽的掘斧状伴随刚毛。腹区背齿片同腹区腹齿片，但柄较短；腹区腹刚毛翅毛状。

体长80~90 mm，鳃冠长10~12 mm，宽5~6 mm（日本标本大，长约205 mm）。栖管革质外面黏附细沙为黄褐色或棕色。分布于我国黄海潮间带泥沙滩。

门	环节动物门　Annelida
纲	多毛纲　Polychaeta
目	缨鳃虫目　Sabellida
科	缨鳃虫科　Sabellidae
属	伪刺缨虫属　*Pseudopotamilla*

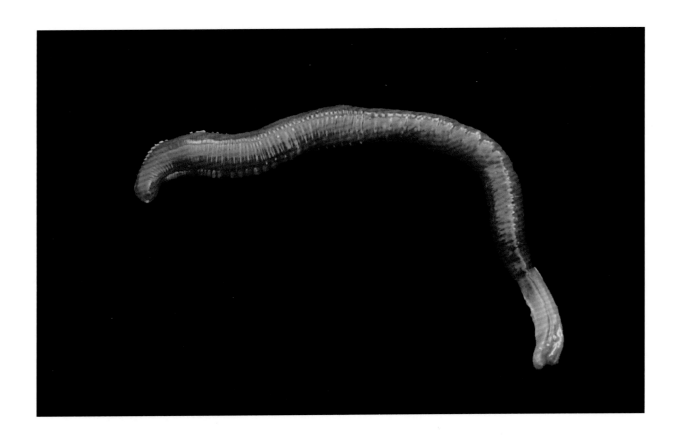

胶管虫

Myxicola infurdibulum (Renier, 1804)

门	环节动物门	Annelida
纲	多毛纲	Polychaeta
目	缨鳃虫目	Sabellida
科	缨鳃虫科	Sabellidae
属	胶管虫属	*Myxicola*

虫体略呈锥形，具1对大鳃叶，具20~40对放射状鳃丝，鳃丝之间为薄膜相连几乎达顶部。领不明显，但形成两个低的很靠近的背叶，腹面宽在鳃之间形成三角形突起。胸区有8个刚节，具很多翅毛状背刚毛和长柄钩状腹刚毛（其弯角上有数个小齿）；腹区很多刚节，背刚毛为齿片状，具两齿，很多齿片形成几乎达背面中线的连续的齿带，腹区腹刚毛为翅毛状与胸区的相似。尾部具斑点（与视觉有关）。栖管胶质状。最大标本长约130 mm，宽10 mm，一般长度为18~50 mm。

胶管虫为世界性广布种，从北极、格陵兰岛到大西洋、地中海、北太平洋均有分布，在我国主要分布于黄海潮间带泥沙滩。

日本臭海蛹
Travisia japonica Fujiwara, 1933

虫体呈背、腹稍凸的蛆形，体长10~150 mm。口前叶尖锥形，具两环。第1刚节位于口前部。鳃始于第2刚节，止于体后部。前16刚节具3环轮，后为两环轮，至第28刚节后为一环轮。具两束毛状刚毛。肛节具6个指状的肛须。

　　日本臭海蛹具恶臭味，常栖息在潮间带沙滩。在我国黄海较为常见，国外主要分布于日本沿海。

门	环节动物门　Annelida
纲	多毛纲　Polychaeta
目	＊
科	海蛹科　Travisiidae
属	臭海蛹属　*Travisia*

＊在分类学上目前没有分到目这一级，后同

锥毛似帚毛虫

Lygdamis giardi (McIntosh, 1885)

门	环节动物门	Annelida
纲	多毛纲	Polychaeta
目	*	
科	帚毛虫科	Sabellariidae
属	似帚毛虫属	*Lygdamis*

虫体壳冠柄长，稃刚毛排成两排，金黄色，外层光滑尖锥状约37~55对，内层光滑但末端钝约16~19对。外稃刚毛基部有一圈乳突约25~30对。前胸具两个单叶型疣足节，第1节无刚毛，第2节腹面仅有1束毛状刚毛，背面具光滑的鳃；后胸区具4个后胸刚节，每节有8~10根粗桨状（刷状）背刚毛、毛状腹刚毛，背面具光滑鳃。腹区前5个刚节背面具羽状鳃，常为橄榄色（酒精标本），具背齿片和有齿腹毛状刚毛。尾部光滑无疣足和刚毛，色深、弯向腹面。

锥毛似帚毛虫为定居取食者，多生活在沿岸，也栖于软体动物贝壳或者海藻上。分布于我国黄海，在国外主要分布于日本和澳大利亚。

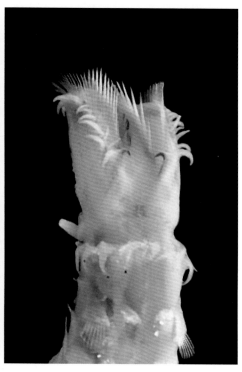

欧文虫

Owenia fusiformis Delle Chiaje, 1844

欧文虫栖管细长两点尖细，内壁具角质膜，外部粘有细沙或碎贝壳。体前部具聚集食物的叶状漏斗，叶状漏斗具6个分叉分枝且围绕着口，具1背唇和2腹唇。具眼点，位于漏斗腹面。体前部3个刚节较短，仅具有毛状背刚毛；后为5个长的体节，后面体节逐渐变短，有17~25个，具侧锯齿的毛状背刚毛和长柄双齿钩状刚毛。

欧文虫营管栖生活，栖管质硬，上覆细沙或碎贝壳。分布于北大西洋和北太平洋沿岸，在我国分布于黄海泥沙滩。

门	环节动物门　Annelida
纲	多毛纲　Polychaeta
目	＊
科	欧文虫科　Oweniidae
属	欧文虫属　*Owenia*

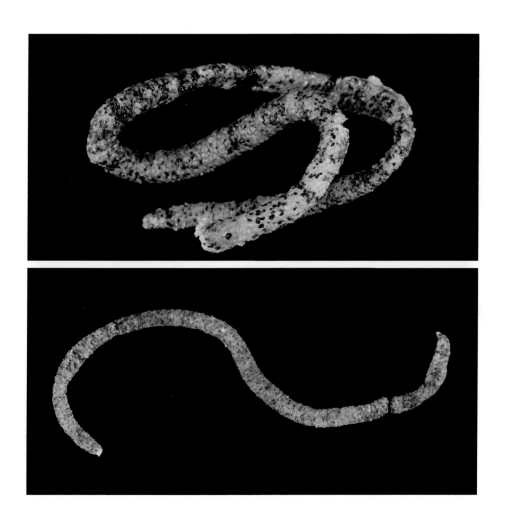

红刺尖锥虫

Leodamas rubrus (Webster, 1879)

门	环节动物门 Annelida
纲	多毛纲 Polychaeta
目	＊
科	锥头虫科 Orbiniidae
属	尖锥虫属 *Leodamas*

　　红刺尖锥虫口前叶为尖锥形，长大于宽，其基部两边到围口节各有1条弧形凹线。鳃始于第6刚节，舌状，末端尖细，有腹须。胸部通常具14~24刚节，背足叶指状，腹足叶为长的横脊，无叶，具细齿毛刚毛和有缺刻钩状刚毛。背足叶长，片状，无内须。腹足叶分1大1小两叶，无腹须。具有齿毛刚毛、叉状刚毛和外露的足刺刚毛。体长15~42 mm、宽约1.5 mm，具100多刚节。

　　红刺尖锥虫多栖息于潮间带及潮下带，沙和泥沙底质。分布于美国东部沿海、墨西哥湾，中国黄海、南海。

仙居虫

Naineris laevigata (Grube, 1855)

仙居虫口前叶圆钝，外翻吻具中央沟。围口节仅 1 节，无眼点，项器位于围口节前缘。胸区具 15~20 体节，背腹扁平，腹区体节近圆柱状。鳃始于第 6~13 体节，分布至体末端。胸区背疣足叶宽三角形状，腹区背疣足叶同形。胸区腹疣足膨大为花托状，近背侧引长。腹区背疣足具 1 束细齿毛刚毛和二叉刚毛，腹疣足足刺刚毛和 1 横排细齿毛刚毛。肛孔位于末端，具 2 对肛须。仙居虫多栖息于潮间带，分布于印度洋、西太平洋、大西洋、墨西哥湾、加勒比海、地中海，在我国分布于黄海。

门	环节动物门 Annelida
纲	多毛纲 Polychaeta
目	*
科	锥头虫科 Orbiniidae
属	居虫属 *Naineris*

持真节虫

Euclymene annandalei Southern, 1921

门	环节动物门	Annelida
纲	多毛纲	Polychaeta
目	✳	
科	竹节虫科	Maldanidae
属	真节虫属	*Euclymene*

持真节虫身体为圆柱形。前3个体节一般长于后面的第4~8刚节。第4~5刚节明显缩短，和体宽相近。第6~7刚节较前面刚节有所变长。第8刚节最短。第9刚节及后面的刚节变长。刚毛位于前7刚节的前面，第8刚节的中部，后续体节的后部。头板缘膜发达，呈薄叶状。具两个明显的侧裂。头脊窄，两侧为近平行的项沟，与头脊等长。尾部具有两个无刚毛的肛前节。肛节呈漏斗状，边缘形成指状肛须。具1根较长的腹中须和21个左右的呈三角形的小叶。肛门位于肛漏斗的中央，腹瓣不明显。

多栖息于低潮线的沙泥中，管栖生活，栖管为细泥沙。国外分布于印度洋，在我国分布于黄海、南海。

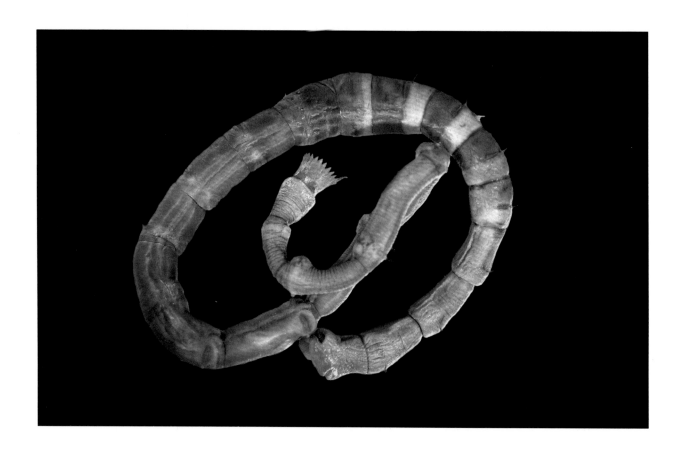

五、软体动物

皱纹盘鲍
Haliotis discus hannai Ino, 1952

皱纹盘鲍俗称鲍、石决明、九孔螺、海耳、盘大鲍等。贝壳大型，壳质坚厚，呈长椭圆形。螺层3层，缝合线较浅。壳顶钝、位于偏后方，稍高出壳面，常磨损。壳表具许多粗糙且不规则的皱纹；生长纹明显。从第2螺层到体螺层的边缘具1列突起和开孔，一般开孔3~5个。壳表呈深绿或深褐色，壳内面白色，具青绿色的珍珠光泽。壳口卵圆形，与体螺层大小相等。足部发达肥厚。腹面大而平，适宜附着和爬行。

皱纹盘鲍是温水性种类，多栖息在低潮线附近至水深3~15 m的岩石基底上，生境多潮流畅通，海藻繁茂。喜食鲜嫩的裙带菜、巨藻和海带。分布于我国北部沿海。朝鲜沿岸、日本东北沿岸也有分布。

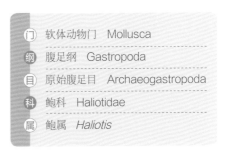

门	软体动物门	Mollusca
纲	腹足纲	Gastropoda
目	原始腹足目	Archaeogastropoda
科	鲍科	Haliotidae
属	鲍属	*Haliotis*

锈凹螺
Omphalius rusticus (Gmelin, 1791)

门	软体动物门 Mollusca
纲	腹足纲 Gastropoda
目	原始腹足目 Archaeogastropoda
科	马蹄螺科 Trochidae
属	凹螺属 *Omphalius*

锈凹螺贝壳中等大小，壳质坚厚，呈圆锥形，但高矮有变化。螺层5~6层，缝合线浅。壳表具细密生长纹和粗壮的放射肋，在基部2~3层尤其明显。壳表呈黑锈色，杂有黄褐色。壳口马蹄形，内灰白色，具珍珠光泽。外唇薄，具1褐色与黄色相间的镶边；内唇较厚。脐孔圆形，大而深。厣角质，圆形，多旋，核位于中央。

锈凹螺多生活在潮间带的中、低潮区的岩石下面或岩石缝隙中，群集生活，喜食褐藻和红藻类，对海带、紫菜等经济藻类养殖有害。属于广布种，我国见于南北沿海，北方尤为常见。日本（北海道至九州）、朝鲜半岛、俄罗斯远东海域也有分布。

短滨螺

Littorina (Littorina) brevicula (Philippi, 1844)

短滨螺贝壳，个体小型，呈球形，壳高13 mm。壳质坚厚，螺层约6层，缝合线细，明显。螺旋部低矮，圆锥形；体螺层膨大。每一螺层中部扩张形成明显的肩部。壳面具细密生长纹及粗细不等的螺旋肋，肋间有数目不等的细肋纹。壳的颜色多有变化，壳顶呈紫褐色，壳面黄褐色，间杂有褐色和黄色色斑。壳口圆，内面褐色，有光泽。内唇厚且宽大，无脐。厣角质，褐色。

短滨螺生活于潮间带高潮区的岩石缝隙间。本种为我国沿海常见贝类，个头小，肉可食，常是沿海群众赶海的渔获物。分布于我国广东以北沿海。日本和朝鲜半岛也有分布。　.

门	软体动物门	Mollusca
纲	腹足纲	Gastropoda
目	中腹足目	Mesogastropoda
科	滨螺科	Littorinidae
属	滨螺属	*Littorina*

珠带拟蟹守螺

Pirenella cingulata (Gmelin, 1791)

(门)	软体动物门 Mollusca
(纲)	腹足纲 Gastropoda
(目)	中腹足目 Mesogastropoda
(科)	汇螺科 Potamididae
(属)	拟蟹守螺属 *Pirenella*

　　珠带拟蟹守螺贝壳中等大小，呈尖锥形。螺层约15层，壳顶尖，但常被腐蚀，螺旋部高，体螺层低。壳顶1~2螺层光滑，其余螺层具有3条念珠状螺肋，体螺层上约10条螺肋，仅在缝合线下面的1条呈念珠状，其余平滑。壳面黄褐色或褐色，螺层中部具1条窄紫褐色色带，缝合线下面念珠螺肋多呈白色。壳口近圆形，内面常具紫褐色浅纹，外唇稍厚，边缘常扩张。内唇上方薄，下方稍厚，前沟短。

　　珠带拟蟹守螺生活在潮间带的浅海，有淡水注入的泥和泥沙滩上。肉可食，市场时有出售。分布于我国南北沿海；在朝鲜半岛、日本、菲律宾、斐济及印度洋等地也有分布。

古氏滩栖螺
Batillaria cumingii (Crosse, 1862)

古氏滩栖螺贝壳中等大小，呈尖塔形。螺层约12层，壳顶尖，常被腐蚀。螺旋部高，体螺层低。壳面除壳顶光滑外，其余螺层具较低平而细的螺肋和纵肋，纵肋有变化。壳面呈黑灰色，在缝合线下有1条白色螺带，螺肋上有时具白色斑点。壳口卵圆形，内有褐、白相间的条纹，外唇薄，其后微显凹陷；内唇滑层稍厚。前沟短，呈缺刻状。

古氏滩栖螺生活在潮间带高、中潮区，喜在海水盐度较低的泥和泥沙滩栖息，常喜群聚。分布于我国南北沿海。朝鲜半岛和日本（北海道至九州）也有分布。

门	软体动物门	Mollusca
纲	腹足纲	Gastropoda
目	中腹足目	Mesogastropoda
科	滩栖螺科	Batillariidae
属	滩栖螺属	*Batillaria*

微黄镰玉螺

Euspira gilva (Philippi, 1851)

门	软体动物门	Mollusca
纲	腹足纲	Gastropoda
目	中腹足目	Mesogastropoda
科	玉螺科	Naticidae
属	镰玉螺属	*Euspira*

　　微黄镰玉螺别名福氏玉螺。贝壳卵圆形，壳质薄而坚。体螺层膨大。壳面光滑无肋，生长纹细密，有时在体螺层上形成纵的褶皱。壳面黄褐色或灰黄色（幼壳色浅），螺旋部多呈青灰色，愈向壳顶色愈浓。壳口卵圆形，内面为灰紫色，外唇薄，易破；内唇上部滑层厚，靠脐部形成一个结节状胼胝。脐孔深，厣角质。

　　微黄镰玉螺通常栖息在软泥质海底，以及沙和泥沙质滩涂。肉味鲜美，可食。在我国浙江沿海被称为"香螺"。本种为肉食性动物，对养殖贝类有害。广布于我国黄渤海沿岸，向南至广东北部。朝鲜和日本也有分布。

扁玉螺

Neverita didyma (Röding, 1798)

扁玉螺别名大玉螺。贝壳中等大小，呈半球形，壳质坚厚，宽扁。壳顶低，缝合线明显，螺旋部较短，体螺层极其膨大。壳面光滑，具明显的生长纹。壳表呈淡黄褐色，壳顶部紫色，基部白色。壳口卵圆形，外唇薄，呈弧形；内唇具厚的滑层及深褐色的胼胝，其上沟痕明显。脐孔大而深。厣角质，黄褐色。

扁玉螺生活于潮间带至水深50 m左右的沙和泥沙质海底。广布于我国南北沿海。朝鲜半岛和日本、菲律宾、澳大利亚，以及印度洋的阿曼苏丹国也有分布。

门	软体动物门	Mollusca
纲	腹足纲	Gastropoda
目	中腹足目	Mesogastropoda
科	玉螺科	Naticidae
属	扁玉螺属	*Neverita*

拟紫口玉螺

Natica janthostomoides Kurode & Habe, 1949

门	软体动物门 Mollusca
纲	腹足纲 Gastropoda
目	中腹足目 Mesogastropoda
科	玉螺科 Naticidae
属	玉螺属 *Natica*

　　拟紫口玉螺别名口螺。贝壳大型，近球形；壳质坚实。螺层约6层，缝合线明显，各螺层膨胀。螺旋部低小，体螺层极膨大。壳表平滑无肋，具明显的生长纹，常在体螺层上形成不均匀的纵列皱褶。壳呈灰紫色，外被黄褐色壳皮，在体螺层上具有3条灰白色螺带。壳口半圆形，内白色，深处为淡紫色，外唇薄。内唇稍厚，中部向外伸出1个半遮盖脐孔的胼胝突起。厣石灰质，半圆形，平滑，生长纹略呈放射状，核位于内侧下端。

　　拟紫口玉螺栖息在潮下带沙或泥质的浅海。见于我国北方沿海。日本北部沿海也有分布。

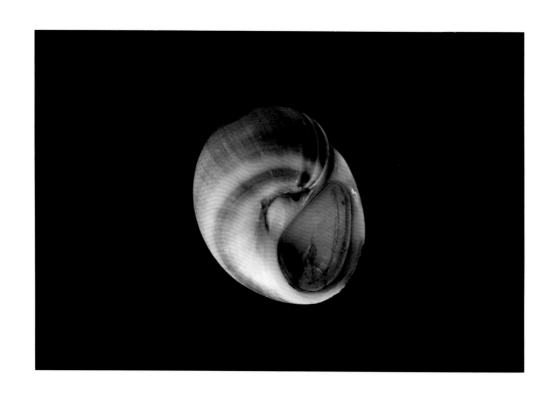

强肋锥螺

Neohaustator fortilirata (Sowerby, 1914)

强肋锥螺别名锥螺。个体大型。螺壳呈尖锥形，壳较坚厚。螺层约18层，缝合线浅。螺层微膨大。壳顶尖，常磨损。螺旋部很高，体螺层短。螺壳表面具明显生长纹和4~5条较强的螺肋及细的间肋，后部螺层上的螺肋数目逐渐减少且渐弱。壳面呈黄褐色。壳口近圆形，无前后沟；外唇薄，常破损；内唇稍厚。无脐。厣角质，圆形，呈栗色，核位于中央。

强肋锥螺栖息在潮下带至水深40 m左右的泥沙质的海底。为北方种，在我国仅分布于黄海。

门	软体动物门	Mollusca
纲	腹足纲	Gastropoda
目	中腹足目	Mesogastropoda
科	锥螺科	Turritellidae
属	锥螺属	*Neohaustator*

纵肋织纹螺

Nassarius variciferus (A. Adams, 1852)

门	软体动物门	Mollusca
纲	腹足纲	Gastropoda
目	新腹足目	Neogastropoda
科	织纹螺科	Nassariidae
属	织纹螺属	*Nassarius*

　　纵肋织纹螺别名海螺、海瓜子。贝壳中等大。呈短锥形，壳质结实。螺层约9层，缝合线较深，螺旋部呈尖锥形，体螺层大。壳顶3层光滑。螺表面具有显著的纵肋和细密的螺纹，两者相互交织呈布纹状。纵肋接近肩部形成以环列结节突起，在每一螺层上通常生有1~2条粗大的纵肿脉。壳面淡黄色或黄白色，具有褐色螺带，螺带在螺旋部为2条，在体螺层为3条。壳口卵圆形，内面黄白色；外唇薄，边缘上面具有尖细的齿；内唇弧形，上部薄，下部稍厚，边缘常有突起。前沟短，缺刻状。厣角质，薄。

　　纵肋织纹螺栖息于浅海沙和泥沙质的海底，从潮间带至40 m水深都有分布。为我国沿海常见种。日本也有分布。

脉红螺
Rapana venosa (Valenciennes, 1846)

脉红螺别名海螺。贝壳大型，壳质坚厚。螺层约7层，缝合线浅，螺旋部小，体螺层明显膨大，基部窄。壳顶光滑，其余螺层具略均匀而低的螺肋和结节，螺层中部和体螺层上部外突形成肩角，其上具强弱不等的角状突起。体螺层上一般具3~4条螺旋肋，其中第1条最粗壮。壳表呈黄褐色，具棕色或紫棕色色斑和花纹。壳口大，卵圆形，内面呈杏红色，具光泽。外唇上部薄、下部厚，假脐明显。厣角质，核位于外侧。

脉红螺栖息在潮间带至水深20 m的岩石岸及泥沙质的海底。属温水性种类，分布于我国福建沿岸以北海域。日本、朝鲜和俄罗斯也有分布。

门	软体动物门	Mollusca
纲	腹足纲	Gastropoda
目	新腹足目	Neogastropoda
科	骨螺科	Muricidae
属	红螺属	*Rapana*

疣荔枝螺

Reishia clavigera (Küster, 1860)

门	软体动物门	Mollusca
纲	腹足纲	Gastropoda
目	新腹足目	Neogastropoda
科	骨螺科	Muricidae
属	荔枝螺属	*Reishia*

疣荔枝螺别名辣螺。贝壳中等大小，近卵圆形。壳质坚硬，螺层约6层。缝合线浅，不明显。壳面膨胀，在每个螺层的中部有1列明显的疣状突起，或在缝合线处还有1列小的不明显的颗粒突起。体螺层上具5列疣状突起。壳表密布螺肋和细密生长纹，呈灰绿或黄褐色。壳口卵圆形，内面呈淡黄色，外唇薄，内侧黑紫色；内唇淡黄色，光滑。前沟短、缺刻状；厣角质，褐色，核位于外侧。

疣荔枝螺栖息在潮间带至潮下带的岩石间，隐藏于岩石缝隙或石块下。肉可供食用，具辣味，故又称"辣螺"。贝壳可入药。该种为肉食性贝类，对滩涂贝类养殖有危害。广温性种类，分布于我国南北沿海，日本、朝鲜和越南也有分布。

皮氏蛾螺

Volutharpa ampullacea (Middendorff, 1848)

皮氏蛾螺别名皮氏涡蜀螺。贝壳大型，呈卵圆形，壳质薄脆。螺层约6层，缝合线细而深。螺旋部较小，体螺层极其膨大。壳表光滑，具纵横交叉的细线纹和细密的生长纹，被黄褐色生有绒毛的壳皮，易脱落。壳口大，内灰白色，外唇薄，呈弧形；内唇较扩张，贴于体螺层上。前沟短呈"V"形缺刻，具假脐。厣角质，卵圆形，很小，盖不住壳口，核位于中央。

皮氏蛾螺生活在潮下带水深18~50 m的软泥海底。分布于我国黄海北部，朝鲜、日本也有分布。

门	软体动物门	Mollusca
纲	腹足纲	Gastropoda
目	新腹足目	Neogastropoda
科	蛾螺科	Buccinidae
属	涡蜀螺属	*Volutharpa*

醒目云母蛤

Yoldia notabilis Yokoyama, 1922

门	软体动物门	Mollusca
纲	双壳纲	Bivalvia
目	胡桃蛤目	Nuculoida
科	云母蛤科	Yoldiidae
属	云母蛤属	*Yoldia*

　　醒目云母蛤个体小型。呈长卵圆形，壳质薄，易破损。两壳大小相等，两侧不等。壳顶小，位近前方。背缘壳顶两侧倾斜，前缘和腹缘圆，后缘尖瘦，呈喙状。壳表有光泽，具有比较稀疏纤细、略呈波状的同心轮脉线纹多条，生长纹细密，常出现褶痕。壳面被黄褐色微带绿色薄的壳皮，壳皮脱落后壳面为灰白色。壳内白色，具光泽，铰合部具1列细密尖锐的小齿。内韧带，位于壳顶下面三角形的凹槽内。外套窦较深，前闭壳肌痕长卵圆形，后闭壳肌痕近马蹄形。

　　醒目云母蛤栖息水深30~80 m的泥和沙海底。为冷水性种类，为北黄海冷水团范围内分布种，比较常见。

毛蚶

Scapharca kagoshimensis (Tokunaga, 1906)

毛蚶别名毛蛤、麻蛤、血蚶。贝壳中等大小，壳质坚厚，膨胀，近卵形或长卵圆形。两壳稍不等，右壳稍小。壳顶突出，壳表具凸出的放射肋31~34条，肋上具方形小结节。同心生长纹在腹部较明显。壳面白色，被有褐色绒毛状表皮。

毛蚶栖息于潮间带至潮下带水深几十米的泥或泥沙质海底。广布于我国沿海，以辽宁、山东和河北沿海产量最多，为常见种。

门	软体动物门 Mollusca
纲	双壳纲 Bivalvia
目	蚶目 Arcida
科	蚶科 Arcidae
属	毛蚶属 *Scapharca*

魁蚶

Anadara broughtonii (Schrenck, 1867)

门	软体动物门 Mollusca
纲	双壳纲 Bivalvia
目	蚶目 Arcida
科	蚶科 Arcidae
属	粗饰蚶属 *Anadara*

　　魁蚶别名焦边毛蚶、大毛蛤、赤贝、血贝。贝壳大型；呈斜卵形，膨凸，左壳稍大于右壳；壳顶膨胀，位于偏前方。壳前端圆，后端斜截形；壳表约有宽的放射肋42条，肋上无结节。壳面呈白色，壳顶部略显灰色，被棕色壳皮，贝壳边缘处具密集棕色毛状物。壳内面白色，内缘具强壮的齿状突出。铰合部直、狭长，前后端齿较大；前闭壳肌痕小，后闭壳肌痕大。

　　魁蚶生活于潮间带以下至水深数十米的浅海区。栖息于水深11~52.5 m的软泥底。分布于我国黄渤海，尤其辽宁和山东资源量丰富，东海较少分布。日本、朝鲜半岛也有分布。

紫贻贝

Mytilus galloprovincialis Lamarck, 1819

紫贻贝别名海红。贝壳大型；呈楔形，壳质较薄。壳顶尖细，位于贝壳最前端，腹缘略直，背缘呈弧形，背角明显。壳表光滑，略具光泽，具细密生长纹。壳面多呈黑褐色或紫褐色；壳内面呈灰蓝色，闭壳肌痕及外套痕较明显；铰合部窄，有2~5个粒状小齿。韧带细长，呈褐色。足丝细丝状，发达。

紫贻贝以足丝营附着生活，栖息于低潮带至浅海水深10 m左右的岩石基底。生长速度较快，1年壳长可达60 mm。广布于北半球，在我国沿海均有分布，以北方沿海较常见。

门	软体动物门	Mollusca
纲	双壳纲	Bivalvia
目	贻贝目	Mytilida
科	贻贝科	Mytilidae
属	贻贝属	*Mytilus*

偏顶蛤

Modiolus modiolus (Linnaeus, 1758)

门	软体动物门	Mollusca
纲	双壳纲	Bivalvia
目	贻贝目	Mytilida
科	贻贝科	Mytilidae
属	偏顶蛤属	*Modiolus*

偏顶蛤别名毛海红、假海红。贝壳大型，略呈长椭圆形，壳质较薄但坚硬。壳顶凸圆，近壳前端。壳前端粗圆，腹缘略直，背缘弧形，后缘宽圆。壳面有明显的隆肋，生长纹细密、明显。被黄褐色细毛。壳表呈栗褐色，多具光泽，壳内呈浅灰蓝色，有时略带浅紫色。闭壳肌痕明显，铰合部无齿。足丝孔小，足丝细，淡黄褐色。

偏顶蛤以足丝附着于沙砾和碎壳上，或相互固着生长。生活在低潮线下至水深50 m左右的沙质底。为冷水性广布种，我国主要分布在黄渤海。

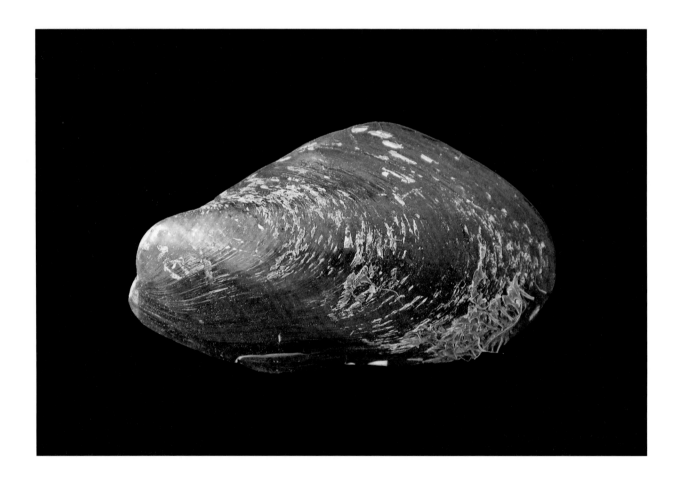

凸壳肌蛤

Arcuatula senhousia (Benson, 1842)

凸壳肌蛤别名薄壳、东亚壳菜蛤、沙喇鲑。贝壳较小，壳质薄韧，略呈三角形。壳顶凸圆，近壳前端但不位于最前端。壳腹缘直，背缘较弯。壳面自壳顶至腹缘中部具1明显隆肋。壳表光滑具光泽，呈草绿或褐绿色，并有不规则的褐色波状花纹。贝壳内面颜色近于壳表颜色。闭壳肌痕不明显。铰合部直而窄，韧带细，红褐色。

凸壳肌蛤生活在潮间带至潮下带50~60 m的泥沙或泥滩中。为暖温带种。广布于太平洋东西两岸，为我国沿海潮间带的常见种。

门	软体动物门	Mollusca
纲	双壳纲	Bivalvia
目	贻贝目	Mytilida
科	贻贝科	Mytilidae
属	弧蛤属	*Arcuatula*

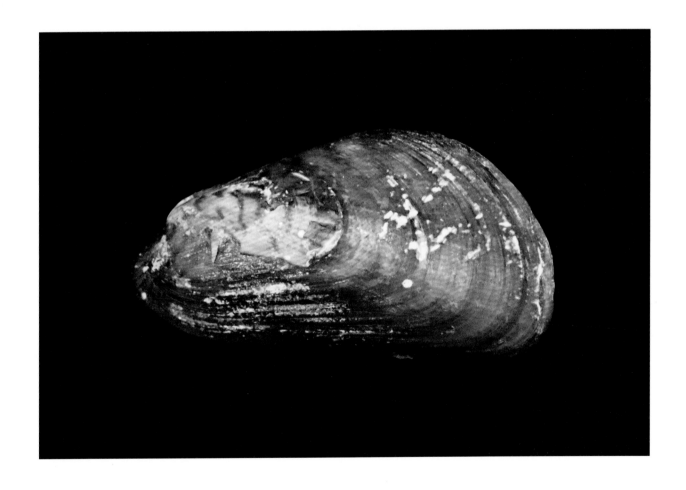

栉孔扇贝

Chlamys farreri (Jones et Preston, 1904)

门	软体动物门	Mollusca
纲	双壳纲	Bivalvia
目	扇贝目	Pectinida
科	扇贝科	Pectinidae
属	栉孔扇贝属	*Chlamys*

栉孔扇贝别名干贝蛤、海扇。贝壳大型，呈圆扇形。两壳及两侧略等。背缘较直；壳顶略凸出，位于背缘。两耳不等，前大后小，略呈三角形；右耳下方具明显的足丝孔和数枚小栉齿。两壳放射肋数目不等，左壳有主肋10条左右，主肋之间具间肋；右壳具不规则的粗肋20条左右，肋上具棘刺。壳色多有变化，呈浅褐、红褐、紫褐、灰白或浅驼色；壳内面颜色浅，多呈浅粉色或浅灰色。闭壳肌痕明显，位于壳中部。铰合线直，内韧带褐色、发达。足丝细，发达。

栉孔扇贝生活在低潮线至潮下带水深50 m左右的浅海底，底质多为岩石、沙砾或沙质泥等。为我国北方常见种，黄渤海较为常见，少数个体可向南到东海。日本北海道以南及朝鲜半岛沿岸也有分布。

海湾扇贝

Argopecten irradians irradians (Larmarck, 1819)

海湾扇贝别名大西洋内湾扇贝。贝壳中等大小，呈近圆形。壳面较凸，壳质薄。壳表具平滑放射肋20条左右，肋上小棘较平。壳表颜色有变化，多呈灰褐色或浅黄褐色，具深褐色或紫褐色花斑。壳内面近白色，略具光泽；闭壳肌痕略显，有与壳面相应的肋沟。铰合部细长。

海湾扇贝栖息在浅海泥沙质海底。以筏式养殖方式开展人工养殖。原产于美国大西洋沿岸，1981年我国引种成功并开展人工养殖，年产量约80 kt，为我国重要经济贝类，主要集中于北方沿海，如山东、辽宁。

门	软体动物门	Mollusca
纲	双壳纲	Bivalvia
目	扇贝目	Pectinida
科	扇贝科	Pectinidae
属	海湾扇贝属	*Argopecten*

虾夷扇贝

Mizuhopecten yessoensis (Jay, 1857)

门	软体动物门	Mollusca
纲	双壳纲	Bivalvia
目	扇贝目	Pectinida
科	扇贝科	Pectinidae
属	盘扇贝属	*Mizuhopecten*

　　虾夷扇贝别名夏威夷贝、夏夷贝。贝壳大型，呈圆扇形。壳两侧略等；两壳不等，右壳较大且较凸，左壳扁平。壳表具宽的放射肋22条左右，左右壳上的放射肋不同，右壳的放射肋较宽，肋间距较小；贝壳多呈白色、具光泽，近壳缘处常呈淡紫色。

　　虾夷扇贝栖息于沙泥质海底，多以底播增殖方式开展人工养殖。本种为冷水性种，主要分布在太平洋的北海域，日本北海道及本州北部、俄罗斯和朝鲜半岛。我国自1980年从日本引进，已在山东、辽宁等北方沿海进行大范围的人工养殖，成为重要的海水养殖贝类。

长牡蛎

Magallana gigas (Thunberg, 1793)

长牡蛎别名真牡蛎、太平洋牡蛎、日本牡蛎。贝壳大型，壳质厚重，壳形因生长环境不同，变化较大。壳面具波纹状鳞片，左壳具数条粗壮放射肋，附着面较大。壳面呈紫色或淡紫色，壳内面白色，闭壳肌痕肾形，靠近腹缘，呈紫色。韧带槽长而深。

长牡蛎多附着于岩石等坚硬基质上，许多国家对其进行人工养殖，也是我国主要的贝类养殖种类。分布范围较广，分布于西太平洋，我国见于南北各地沿海。

门	软体动物门 Mollusca
纲	双壳纲 Bivalvia
目	牡蛎目 Ostreida
科	牡蛎科 Ostreidae
属	巨牡蛎属 *Magallana*

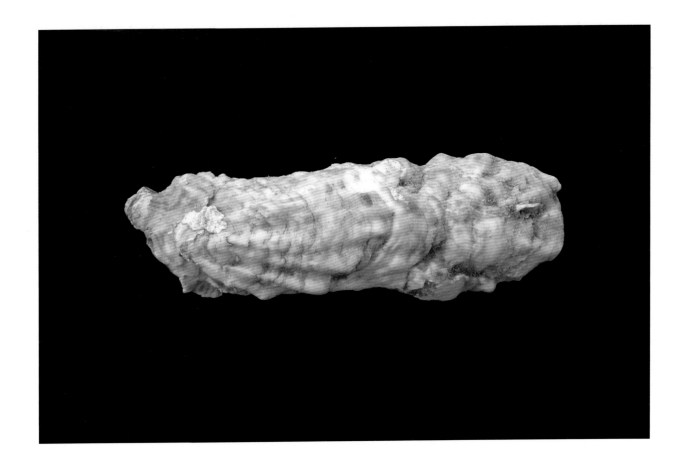

滑顶薄壳鸟蛤
Fulvia mutica (Reeve, 1844)

门	软体动物门	Mollusca
纲	双壳纲	Bivalvia
目	鸟蛤目	Cardiida
科	鸟蛤科	Cardiidae
属	薄壳鸟蛤属	*Fulvia*

　　滑顶薄壳鸟蛤别名鸟贝、鸟蛤、日本鸟尾蛤。贝壳大型，壳高39~50 mm，壳长42~54 mm。壳质薄脆，膨凸，近圆形。壳顶突出，位于背部靠前方。壳表具46~49条薄片状放射肋，该放射肋从顶部至腹面逐步增高。小月面长卵形，楯面短，棱形。外韧带发达，呈铁锈色。壳面呈黄白色，壳顶端略呈黄褐色。壳内面白色、肉色或带紫色。铰合部窄长，前闭壳肌痕大，卵圆形；后闭壳肌痕小，圆形。

　　滑顶薄壳鸟蛤栖息在浅海的沙质海底。为我国北方沿海常见种类，分布于黄海沿岸。也见于日本沿海。

中国蛤蜊

Mactra chinensis Philippi, 1846

中国蛤蜊别名中华马珂蛤。贝壳中等大小，壳高31~42 mm，壳长38~58 mm。壳质坚厚，壳形多有变化，一般呈长椭圆形。壳顶平滑，突出于背部中央稍靠前方。小月面和楯面宽大，披针形。壳表具黄褐色壳皮，同心生长纹极显著，生长纹在壳顶部减弱，靠近腹缘处变粗；壳顶至腹缘有宽窄不一的深色放射状色带。壳内呈白色，部分区域略带灰紫色。左右壳的主齿呈"人"字形，韧带槽宽大，内韧带居其中。外套窦中等深度。

中国蛤蜊栖息在潮间带中潮区至水深60 m左右的细沙滩区。广布种，为我国沿海常见种类，从辽宁至福建沿海都有分布。日本和朝鲜半岛也有分布。

门	软体动物门	Mollusca
纲	双壳纲	Bivalvia
目	帘蛤目	Venerida
科	蛤蜊科	Mactridae
属	马珂蛤属	*Mactra*

四角蛤蜊
Mactra quadrangularis Reeve, 854

门	软体动物门 Mollusca
纲	双壳纲 Bivalvia
目	帘蛤目 Venerida
科	蛤蜊科 Mactridae
属	马珂蛤属 *Mactra*

　　四角蛤蜊别名白蚬子、泥蚬子、布鸽头。贝壳大型，壳质坚厚，极其膨胀，略呈四角形。壳顶突出，位于背缘中央略近前方。小月面与楯面明显。壳表具明显的生长线，形成凹凸不平的同心环纹。贝壳被黄褐色外皮，顶部变淡至白色，幼小个体呈淡紫色，近腹缘黄褐色。壳内面白色。铰合部宽大，两壳主齿不同，左壳主齿分叉，右壳主齿排列呈"八"字形；两壳前、后侧齿片状，发达。外韧带小，淡黄色；内韧带大，黄褐色。闭壳肌痕明显，外套痕清楚，接近腹缘。

　　四角蛤蜊栖息在潮间带中潮区至潮下带细沙滩和砾石粗沙区。为我国沿海常见种类，从辽宁至广东沿海均有分布。日本和朝鲜半岛也有分布。

异白樱蛤

Macoma (Macoma) incongrua (Martens, 1865)

异白樱蛤贝壳中等大小。壳质坚厚，壳形多有变化，呈三角形或椭圆三角形。两壳相等，两侧不等，后端略开口。壳顶凸，近背缘后方。小月面及楯面略显。外韧带短，呈黑色。壳表具细而不规则的生长纹，至后端逐步变粗。壳面白色，具灰色、浅绿或浅棕色壳皮；壳内面白色，略显光泽。闭壳肌痕明显，前闭壳肌痕大，椭圆形；后闭壳肌痕小，近圆形。两壳外套窦不等，左壳大而右壳较小。

异白樱蛤为冷温性种类，常栖息在风浪平缓海湾的潮间带泥沙、砾石底质中。分布在太平洋北部，我国见于辽宁、河北和山东等北部沿海。

门	软体动物门 Mollusca
纲	双壳纲 Bivalvia
目	鸟蛤目 Cardiida
科	樱蛤科 Tellinidae
属	白樱蛤属 *Macoma*

菲律宾蛤仔

Ruditapes philippinarum (Adams and Reeve, 1850)

门	软体动物门 Mollusca
纲	双壳纲 Bivalvia
目	帘蛤目 Venerida
科	帘蛤科 Veneridae
属	蛤仔属 *Ruditapes*

菲律宾蛤仔别名蛤仔、蚬、蛤蜊、花蛤。贝壳中等大小，呈卵圆形，壳质坚厚，膨胀。壳顶稍突出，位于背缘靠前方。小月面宽，椭圆形或略呈梭形；楯面梭形。外韧带长，突出。壳前端圆，后端略呈斜截形。壳面具细密放射肋和生长纹，位于前、后部的放射肋隆起成脊状，与生长纹交织成布目状。壳面颜色、花纹多有变化，密布棕色、深褐色或赤褐色的斑点或花纹。壳内呈灰白色或淡黄色，有些个体壳后部显紫色。铰合部长，左壳中央主齿明显分叉。闭壳肌痕明显，前肌痕半圆形，后肌痕圆形，外套痕明显。

菲律宾蛤仔栖息在潮间带上部至潮下带的泥沙底质中。为世界性广布种，我国见于南北沿海。

文蛤
Meretrix meretrix (Linnaeus, 1758)

文蛤别名丽文蛤、蚶仔、粉蛲、白仔。贝壳大型，壳质坚厚，呈三角卵圆形。壳顶明显凸出，斜向前方。壳前端圆，后端稍长而尖，腹缘弧形。壳表生长纹细、排列不规则。壳面平滑，被一层光滑具光泽的黄褐色或浅棕色壳皮，壳面颜色及花纹多有变化。小月面大，呈长楔状；楯面大，从壳顶延伸至后端；韧带短粗、黑褐色。壳内面白色。铰合部大，略呈弓形。铰合部宽，左壳前侧齿大而长，前主齿粗壮，中央主齿稍薄，后主齿斜长；右壳两枚前侧齿，前主齿小，呈薄片状，中央主齿粗壮，后主齿长。前、后闭壳肌痕明显，外套痕清楚。

文蛤为广温、广布种，多栖息于河口附近及有内湾的潮间带沙滩或浅海细沙底。我国南北沿海均有分布。也分布于菲律宾、越南以及朝鲜半岛和印度洋。

门	软体动物门	Mollusca
纲	双壳纲	Bivalvia
目	帘蛤目	Venerida
科	帘蛤科	Veneridae
属	文蛤属	*Meretrix*

紫石房蛤

Saxidomus purpurata (Sowerby, 1852)

门	软体动物门	Mollusca
纲	双壳纲	Bivalvia
目	帘蛤目	Venerida
科	帘蛤科	Veneridae
属	石房蛤属	*Saxidomus*

　　紫石房蛤别名天鹅蛋。贝壳大型，膨胀，壳质极其厚重，壳顶较平，偏于前部。壳前端圆，后端近斜截形，腹缘近平直。壳表密布生长纹，较大个体生长纹突出壳面成为不规则状的细肋，肋间沟浅。小月面和楯面界线均不清楚。韧带黑褐色，粗壮，几乎占据楯面的全部，凸出壳面。壳面呈棕黑或灰黑色，壳内面颜色多有变化，呈白色至全紫色。铰合部较窄，左壳前侧齿高，尖而突出，3枚主齿以中央齿最大；右壳两枚前侧齿较小，具3枚主齿。外套痕明显，外套窦大而深。闭壳肌痕极大，前肌痕椭圆形，后肌痕略呈桃形。

　　紫石房蛤温水性种类，栖息在水深4~20 m的潮下带泥沙和沙砾内。埋栖深度10~25 cm。主要分布在我国辽宁和山东。日本和朝鲜半岛也有记录。

等边浅蛤

Macridiscus aequilatera (Sowerby, 1825)

等边浅蛤别名花蛤、等边蛤、花蛤仔。贝壳中等大小，壳质坚厚，呈三角卵圆形或等边三角形，略侧扁。壳顶尖细，位于壳中央。贝壳前端圆，腹缘弧形，后端略呈钝角，有的个体壳后端圆。壳表颜色多有变化，呈白色、奶黄、棕或黑色，具锯齿状花纹或斑点以及细而不规则的生长纹。小月面窄，内凹，柳叶状；楯面宽，扁平。韧带短、棕色。壳内面白色，壳缘光滑。铰合部三角形，具3枚主齿，左壳前主齿大且长；右壳前主齿小。闭壳肌痕和外套痕清楚。

等边浅蛤栖息在潮间带中区至浅海的沙质海底，营埋栖生活。为广布种，我国南北沿海均有分布。也见于日本、越南、印度尼西亚、印度及朝鲜半岛。

门	软体动物门	Mollusca
纲	双壳纲	Bivalvia
目	帘蛤目	Venerida
科	帘蛤科	Veneridae
属	花蛤属	*Macridiscus*

江户布目蛤

Leukoma jedoensis (Lischke, 1874)

门	软体动物门 Mollusca
纲	双壳纲 Bivalvia
目	帘蛤目 Venerida
科	帘蛤科 Veneridae
属	布目蛤属 *Leukoma*

江户布目蛤别名麻蚬子。贝壳中等大小，壳质坚厚，呈卵圆形或球形。两壳相等。壳顶突出，位于背缘中央弯向前方。小月面心脏形，楯面披针状。壳表具粗壮的放射肋及细的生长纹，两者相交呈规则的布目状。壳面呈土黄或黄棕色，常有棕色斑点或条纹。壳内面灰白色，边缘有与放射肋相应的小齿。铰合部中等大小，两壳各有主齿3枚，无侧齿。前、后闭壳肌痕清楚，外套痕明显，外套窦呈三角形，前端尖。

江户布目蛤为暖温带种类，栖息于低潮线中、上区的砾石滩和泥沙中，埋栖较浅。在我国分布于黄渤海沿岸。俄罗斯、日本和朝鲜半岛也有分布。

缢蛏

Sinonovacula constricta (Lamarck, 1818)

缢蛏别名蛏子、蜻、蚬。贝壳大型，壳质薄脆，呈长方形。壳顶略凸，位于背缘略近前方。壳前、后端圆。腹缘与背缘基本平直，仅在腹缘中部稍内凹。两壳闭合时，前后端均开口。外韧带近三角形，黑褐色。壳表具粗的生长线，自壳顶至腹缘中部有一微凹的斜沟。壳面被黄绿色的壳皮，成体常因磨损壳皮脱落呈白色。壳内面白色；铰合部小，右壳有2枚主齿，左壳有3枚。前、后闭壳肌痕均呈三角形。外套痕明显，外套窦宽大，前端呈圆形。

缢蛏栖息在河口区或有淡水注入的内湾，在潮间带中、下潮区的软泥滩内，潜埋深度一般为10~20 cm。分布于西太平洋海域，为我国沿海常见种。

门	软体动物门	Mollusca
纲	双壳纲	Bivalvia
目	帘蛤目	Veneroida
科	竹蛏科	Pharidae
属	竹蛏属	*Sinonovacula*

薄壳绿螂

Glauconome angulata Reeve, 1844

门	软体动物门 Mollusca
纲	双壳纲 Bivalvia
目	帘蛤目 Venerida
科	绿螂科 Glauconomidae
属	绿螂属 *Glauconome*

　　薄壳绿螂贝壳中等大小；贝壳略呈长椭圆形，壳质较薄，壳顶位于背缘近前方，较低平。壳面被绿褐色薄的壳皮，同心生长纹在壳的前后部较粗糙；壳内面白色或浅蓝色，略具光泽。铰合部狭窄，两壳各具主齿3枚，无侧齿。前闭壳肌痕略长，后闭壳肌痕桃形；外套窦较深。

　　薄壳绿螂生活在有淡水注入的潮间带沙或泥沙中。目前仅发现分布于黄渤海沿岸。

砂海螂

Mya arenaria Linnaeus, 1758

砂海螂别名大蚍、蚍蛤。贝壳大型，呈长卵圆形，壳质坚厚，两壳闭合时前后均有开口。壳顶低平，近前方。小月面和楯面不明显。壳前端圆，后缘稍尖，腹缘弧形。壳表具粗糙不一的生长线；无放射肋。壳面被褐色壳皮，极易脱落，显白色或灰白色。壳内面白色，略具光泽。外套痕明显，外套窦明显。前、后闭壳肌痕狭长。

砂海螂为温水性种类，栖息于潮间带至水深 10 m 的泥沙底质海底。广泛分布于寒温带的太平洋和大西洋海域，我国多见于辽宁、山东和江苏。

门	软体动物门	Mollusca
纲	双壳纲	Bivalvia
目	海螂目	Myida
科	海螂科	Myidae
属	海螂属	*Mya*

光滑河蓝蛤
Potamocorbula laevis (Hinds, 1843)

门	软体动物门	Mollusca
纲	双壳纲	Bivalvia
目	海螂目	Myida
科	蓝蛤科	Corbulidae
属	河蓝蛤属	*Potamocorbula*

　　光滑河蓝蛤别名蓝蛤、海砂子。贝壳小型，壳质薄脆，近等腰三角形或长卵圆形。两壳不等，左壳小，右壳大而膨胀，闭合时右壳腹缘的壳缘翘起，包住左壳。壳顶近前方。贝壳前缘和腹缘圆，后缘略呈截状。壳表光滑，具细密生长纹，无放射肋。壳面灰白色，被黄褐色外皮，并在壳边缘处形成褶皱。壳内面白色。铰合部窄，两壳各有1枚主齿，左壳主齿呈匙状；右壳主齿略似钩状。内韧带黄褐色。前闭壳肌痕长梨形，后闭壳肌痕近圆形。外套痕清楚，外套窦浅。

　　光滑河蓝蛤栖息在潮间带高潮带至浅海，尤其在河口入海处，盐度较低的滩涂，产量非常大。广布种，在我国辽宁至广东沿海均有分布。

鸭嘴蛤

Laternula anatina (Linnaeus, 758)

鸭嘴蛤别名截尾薄壳蛤。贝壳中等大小，近长方形，壳质极薄脆，半透明状。两壳等大或左壳稍大于右壳，闭合时一般仅后端开口。壳顶凸出，近后方。壳后缘较小，向上翘起形如喙状，其边缘向外翻出。壳面白色，具珍珠光泽，壳缘常呈现淡黄或棕黄色。在壳前部和腹缘常有细的颗粒状突起。壳内面白色，具珍珠光泽。铰合部无齿，韧带槽前无石灰板。外套窦浅，宽大，半圆形。

鸭嘴蛤生活在潮间带至浅海泥沙质海底。广布于印度洋至太平洋海域，在我国见于南北沿海。

门	软体动物门	Mollusca
纲	双壳纲	Bivalvia
目	帘蛤目	Veneroida
科	鸭嘴蛤科	Laternulidae
属	薄壳蛤属	*Laternula*

火枪乌贼

Loliolus beka (Sasaki, 1929)

门	软体动物门　Mollusca
纲	头足纲　Cephalopoda
目	枪形目　Teuthoidea
科	枪乌贼科　Loliginidae
属	枪乌贼属　Loligo

　　火枪乌贼俗称鱿鱼仔、海兔子、鬼拱。个体小，胴长55 mm。胴部略呈圆锥形，后部削直，体表密布大小不等的卵圆形或近圆形的褐色色斑。鳍长超过胴长的1/2，两鳍相接略呈纵菱形。各腕长度不等，腕式一般为第3＞第4＞第2＞第1。各腕吸盘两行，以第2、第3对腕上的吸盘最大。雄性左侧第4腕茎化，吸盘特化为2行尖形突起。内壳几丁质，呈披针叶形。

　　火枪乌贼为小型枪乌贼，游泳能力弱，洄游路线受风和海流的影响较大。广布种，见于我国南北沿海，在渤海资源量较大。日本南部海域也有分布。

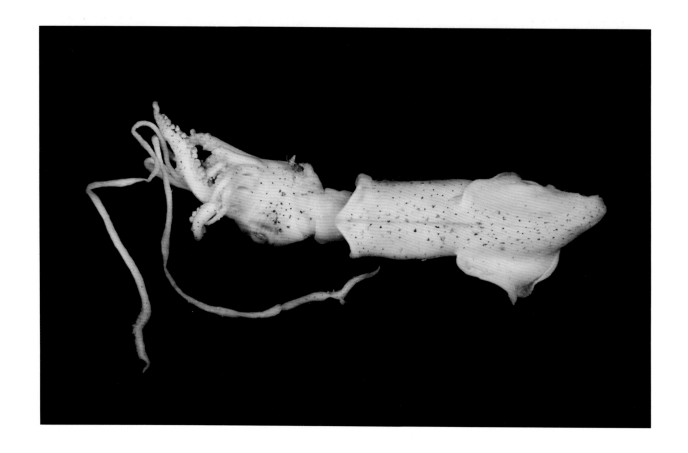

日本枪乌贼

Loliolus (Nipponololigo) japonica (Hoyle, 1885)

日本枪乌贼别名本港鱿鱼、中国鱿鱼、拖鱿鱼、长筒鱿、鱿鱼、台湾枪乌贼。个体大型，胴长可达295 mm，约为胴宽的7倍，胴部呈圆锥形，后部直。体表具大小相间的近圆形色素斑。肉鳍较长，长于胴长之半，左右两鳍在末端相连成菱形。无柄腕4对，长度不等，腕式一般为第3＞第4＞第2＞第1；具吸盘2行，大小略有差异。内壳角质，薄而透明，近棕黄色，呈披针叶形。

日本枪乌贼为中上层洄游性种类，喜集群，有趋光习性，常昼沉夜浮。1年内可达性成熟，寿命一般为1年，以中上层鱼类和甲壳类为主要食物来源，存在同类相残现象。

暖水性种类，我国分布在台湾海峡以南海域。也见于泰国湾、马来群岛、澳大利亚昆士兰州海域。

门	软体动物门 Mollusca
纲	头足纲 Cephalopoda
目	枪形目 Teuthoidea
科	枪乌贼科 Loliginidae
属	小枪乌贼属 *Loliolus*

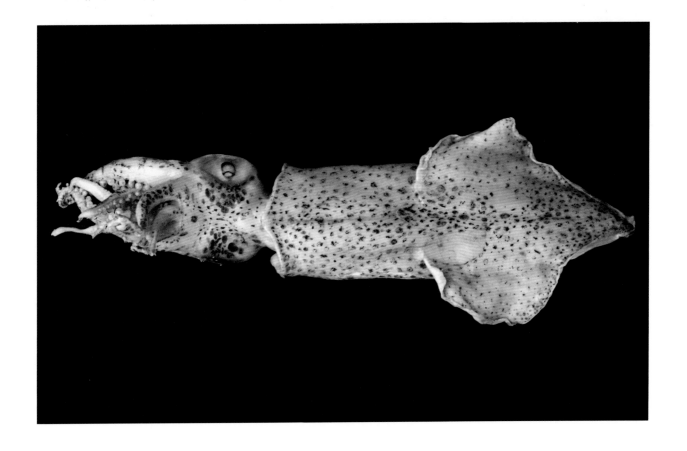

长蛸

Octopus variabilis (Sasaki, 1929)

门	软体动物门 Mollusca
纲	头足纲 Cephalopoda
目	八腕目 Octopoda
科	章鱼科 Octopodidae
属	章鱼属 *Octopus*

　　长蛸别名章鱼、八带、马蛸、长腿蛸、大蛸。胴部短小，呈卵圆形，胴长约为胴宽的2倍；体表光滑，具极细的色素斑点。长腕型，腕长为胴长的6~7倍，各腕长度不同，其中第1对腕最长且最粗，腕式为第1＞第2＞第3＞第4，腕吸盘2行。雄性右侧第3腕茎化，较短，长度约为左侧对应腕的1/2，端器呈匙状，大且明显，约为全腕长度的1/6。

　　长蛸营底栖生活，在深水和浅水间的集群洄游不明显。春季繁殖，幼体生长迅速，半年体长可达220 mm，1年左右成为有繁殖能力的亲体。广布种，我国南北沿海均有分布。也见于日本。

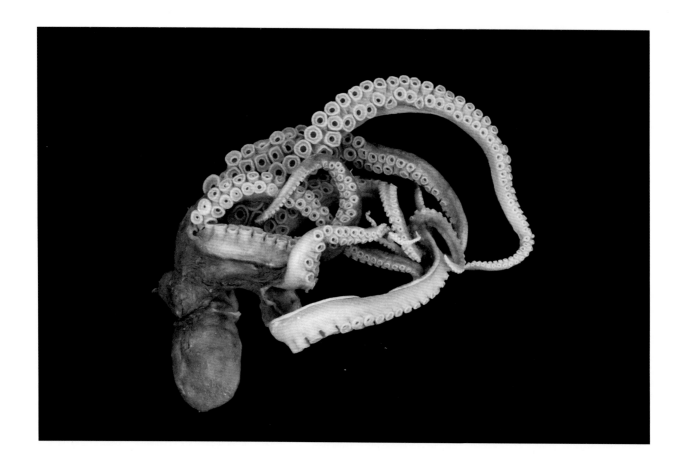

六、甲壳动物

东方小藤壶
Chthamalus challengeri nipponensis Pilsbry, 1916

东方小藤壶为藤壶科中小体形的动物，直径一般不超过1.2 cm，高4~10 mm。壳圆锥形，拥挤时呈筒状，灰白或褐白色，表面光滑或具肋，板缝清楚简单。壳口呈菱形。基底膜质。楯板呈三角形，开闭缘显著隆起；背板窄长，距不明显。

东方小藤壶为典型温带种，个体小，数量大，密度非常高，适应性强，附着于我国北方海域潮上带和潮间带的岩石上，能忍受长时间周期性干燥，与白脊管藤壶形成的东方小藤壶—白脊管藤壶群落是我国黄渤海岩基海岸的优势类群。东方小藤壶在我国黄渤海沿岸极为常见，国外主要见于日本北部沿岸。

门	节肢动物门 Arthropoda 甲壳动物亚门 Crustacea
纲	六蜕纲 Hexanauplia
目	无柄目 Sessilia
科	藤壶科 Balanida
属	小藤壶属 *Chthamalus*

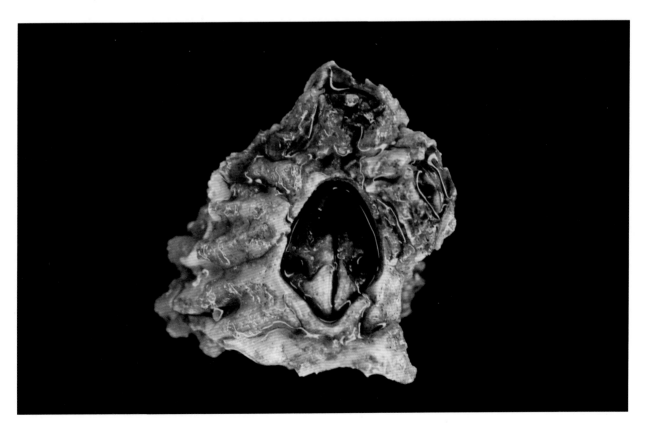

白脊管藤壶

Fistulobalanus albicostatus (Pilsbry, 1916)

门	节肢动物门 Arthropoda 甲壳动物亚门 Crustacea
纲	六蜕纲 Hexanauplia
目	无柄目 Sessilia
科	藤壶科 Balanidae
属	管藤壶属 *Fistulobalanus*

白脊管藤壶为藤壶科体形较小的动物，直径一般0.5~1.5 cm，常常密集生长于潮间带硬基底质，一般壳圆呈锥形，但密集生长的个体呈圆筒形或百合花状。壳表因常被钙藻侵蚀而呈一定程度的淡绿色，但在纵肋间呈灰白色。从顶面看壳口略呈五边形。壁板内部具纵隔。基底平坦具放射管。楯板宽阔，表面具有显著的生长线后脊。背板常常三角形，峰缘短而略曲，底缘斜，外面生长线明显，中央沟浅而开放；距粗而短，峰侧底缘凹凸不平；侧压肌脊约7条左右。

白脊管藤壶常常栖居于潮间带中潮区上部，附着于码头、岩石、木桩、贝壳、船底和红树上，聚集形成白色的"藤壶带"，是自然岩岸的优势种，尤以盐度较低、水质清澄的内湾数量特别大，而且白脊管藤壶能抵御长时间的周期性干燥。聚集生长于船舶表面的白脊管藤壶会对船舶腐蚀、动力航行等方面存在一定的影响，是污损物种之一，应定期铲除。

白脊管藤壶是一种广温、广盐物种，见于我国从北到南的广阔海岸线潮间带。国外分布于日本、朝鲜半岛沿岸。

口虾蛄
Oratosquilla oratoria (de Haan, 1844)

口虾蛄俗称虾爬子、螳螂虾、琵琶虾等。身体平扁，浅灰或浅褐色；有两对触角和一对有柄的复眼。共有20体节，头胸部5节，胸部8节，腹部7节，每一体节均生有1对附肢。头胸甲前侧角成锐刺，两侧各有5条纵脊，中央脊近前端呈"Y"叉状。头胸部短狭，最后第4~5节胸节露出头胸甲之后。第5胸节双侧突，前部的侧突长而尖锐且曲向前侧方，后部的侧突短小而直向侧方。第6~7胸节双侧突，前部侧突小于后部侧突。胸肢有5对，末端脱钩状，用来捕食。捕肢（掠肢）的指节有6齿，掌节的基部有3个可动齿，其余为栉状齿。腹部7节，前5节的肢为双肢形游泳足，外肢生有丝状鳃，第6对腹肢发达，与尾节形成尾扇。尾肢的原肢的端刺红色。外肢第1节末端深蓝色，末节黄色且内缘黑色。

口虾蛄营底栖生活，一般栖息于水深5~60 m处，多穴居于海底泥沙砾的洞中。常摆动腹部的鳃肢，以广泛接触水用鳃呼吸，游泳能力强，肉食性，多捕食小型无脊椎动物，如贝类、螃蟹、海胆等。5—7月是产卵高峰期。味鲜美，在中国沿海以黄海、渤海产量最多，是渤海地区重要的渔业经济甲壳类动物。

口虾蛄广泛分布于热带、亚热带、温带海域，在我国南北沿海常见。国外从俄罗斯沿岸海域到夏威夷群岛沿岸海域均有分布。

门	节肢动物门	Arthropoda
	甲壳动物亚门	Crustacea
纲	软甲纲	Malacostraca
目	口足目	Stomatopoda
科	虾蛄科	Squillidae
属	虾蛄属	*Oratosquilla*

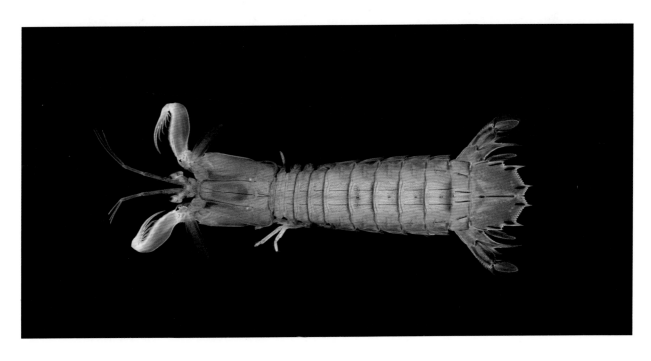

强壮藻钩虾

Ampithoe valida (Smith, 1873)

门	节肢动物门 Arthropoda 甲壳动物亚门 Crustacea
纲	软甲纲 Malacostraca
目	端足目 Amphipoda
科	藻钩虾科 Ampithoidae
属	藻钩虾属 *Ampithoe*

强壮藻钩虾体躯光滑，略侧扁。眼卵圆，额角侧叶突出。第1~4底节板较大，第5底节板前叶与第4底节板几乎同深。第2~3腹节的后下角钝齿状。尾节圆三角形，末端的两侧各有1角质齿。腮足亚螯状，第1腮足较细；第2腮足比第1腮足大，指节镰刀状。第3、第4步足底节板前缘略拱，后缘稍凹。第5步足底节板的前叶突出，基节宽阔，略小于第6、第7步足。第6、第7步足较长，卵圆形。尾部第1、第2对尾肢柄部比两分肢长；第3对尾肢粗壮，分肢短；内肢的末端有刚毛和小刺；外肢的末端有2钩状刺。

强壮藻钩虾喜欢栖息在浅水的海藻内，尤其是绿藻，杂食性，主要以海藻和有机腐殖碎屑为食，广温、广盐性物种，春秋季为繁殖旺季，可全年在野外采集到。强壮藻钩虾不仅可以提高对虾的生长、免疫指标和抗病力，而且适应性比较强，在养殖池中繁殖速度快，能够形成对虾稳定的天然饵料。在富营养化水域，强壮藻钩虾对藻场大型海藻群落的摄食调控有一定作用。

强壮藻钩虾在我国沿海均有分布。国外主要分布在朝鲜半岛、日本、美国、大西洋东岸和太平洋东北岸。

多棘麦秆虫
Caprella acanthogaster Mayer, 1890

多棘麦秆虫身体细长，粉红或浅黄色，胸节及腮足多红色或橘红色斑点。眼小而圆。鳃长卵形。

多棘麦秆虫是我国海藻养殖业常见的污损生物。在温度2~28 ℃，盐度高于19‰的环境中均可生存，是海水养殖设施上的常见种类，以海藻或浮游动植物为食，为常见小型污损生物。麦秆虫繁殖能力强，生殖周期短，能连续世代繁殖。近年来，在龙须菜的养殖过程中发现麦秆虫大量栖居在龙须菜枝条上，严重影响龙须菜正常生长。多棘麦秆虫不仅可以直接摄食龙须菜，而且，经咬噬的龙须菜因出现伤口，更容易在风浪流的作用下脱落，给龙须菜的养殖带来极大的影响。碳酸氢铵对直接栖居在生物表面的麦秆虫有很强的急性毒性作用，在短时间内有很高的脱落率和致死率。碳酸氢铵已经用于龙须菜养殖中多棘麦秆虫的防除。

门	节肢动物门 Arthropoda 甲壳动物亚门 Crustacea
纲	软甲纲 Malacostraca
目	端足目 Amphipoda
科	麦秆虫科 Caprellidae
属	麦秆虫属 *Caprella*

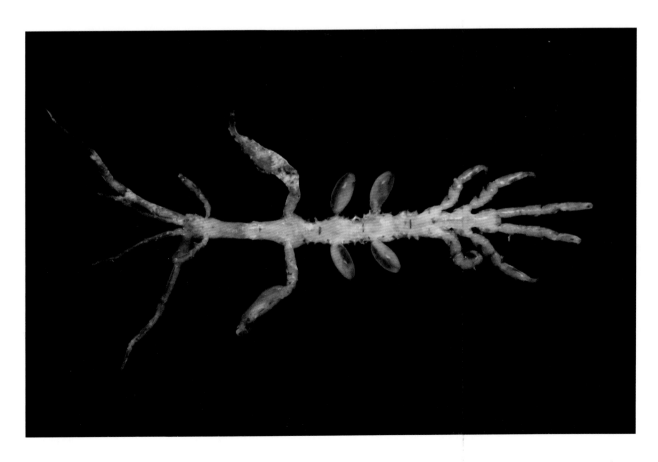

朝鲜马耳他钩虾
Melita koreana Stephensen, 1994

门	节肢动物门 Arthropoda
	甲壳动物亚门 Crustacea
纲	软甲纲 Malacostraca
目	端足目 Amphipoda
科	马耳他钩虾科 Melitidae
属	马耳他钩虾属 *Melita*

朝鲜马耳他钩虾体躯细长，侧扁。眼褐色。额角不明显，侧叶圆突。第1~3腹节没有背齿，第3腹节的后下角钝尖，雄性第5腹节的后背缘每侧有3刺，雌性有1刺。第5、第6胸节的底节板有前叶。尾节的末端有3~4刺。第1触角附鞭短。鳃足亚螯状，第1鳃足细小，指节爪状。第2鳃足发达，雌性指节镰刀状。第1、第2步足细，第3~5步足强壮。雌性第4步足的底节板前叶钩状后弯。第3尾肢的外肢发达，内肢短小，鳞片状。

朝鲜马耳他钩虾主要栖息于潮间带的海藻丛中或石块下，春、秋季大量繁殖，密度很高，是潮间带的常见种之一，在海洋食物链中具有重要的地位。

朝鲜马耳他钩虾在我国沿岸均有分布，国外主要分布在朝鲜半岛及日本。

近似拟棒鞭水虱
Cleantiella isopus (Miers, 1881)

近似拟棒鞭水虱体长2~3 cm。身体扁平，近长方形，体色随生境多变，黄色、绿色、白色或褐色，背面常有白斑，前后宽度几乎相等。头部前缘中凹。有明显的底节板。腹部第1节分离，第2~3节在中央愈合，末端突出，呈钝三角形。第1触角柄短小，有3节；第2触角柄5节，棒状，向后可延伸至第3胸节。步足有7对，常有白色斑点，形状相似，末端有爪。

近似拟棒鞭水虱常在潮间带石块下或海藻间爬行生活，主要以藻类、动物和动物碎片为食。适合生活的水温为3~23℃，每年2—8月繁殖，一年可繁殖2次或以上。近似拟棒鞭水虱无经济价值。在海水浴场中，主要附着在防鲨网附近及浅水区域，曾经在青岛的海水浴场中发生咬人事件。

近似拟棒鞭水虱中国沿海均有分布，尤其北部海域潮间带常见，国外在日本北部海域常见。

门	节肢动物门　Arthropoda 甲壳动物亚门　Crustacea
纲	软甲纲　Malacostraca
目	等足目　Isopoda
科	盖鳃水虱科　Idoteidae
属	拟棒鞭水虱属　*Cleantiella*

平尾似棒鞭水虱

Cleantioides planicauda (Benedict, 1899)

门 节肢动物门 Arthropoda
甲壳动物亚门 Crustacea

纲 软甲纲 Malacostraca

目 等足目 Isopoda

科 全颚水虱科 Holognathidae

属 似棒鞭水虱属 *Cleantioides*

平尾似棒鞭水虱身体细长，圆筒形。体宽约为长的1/6。头部近四角形，头前缘的中央有1凹刻，两侧缘突出。眼三角形，位置近头部的前侧角。第1触角短，鞭部仅有1节，长度不超过第2触角柄第2节的末端。胸部7节，各节大小相似。第1胸节的前缘侧角较大。胸部肢上板狭小，从背面看不见。第5~7胸部的后侧缘角尖锐。第1胸肢粗壮，第3胸肢最长，第4胸肢特别小。前3对胸肢的前节特别膨大；第4~7胸肢是步行肢，前节不膨大，指节较长。腹部长度约为体长的1/3。第1~4腹节较短，尾节特别长，后缘圆钝。

平尾似棒鞭水虱栖息于泥沙质浅海或低潮线的常见种，是沿海生态系统和鱼类食物的重要组成部分，在海岸带群落中起着重要作用。平尾似棒鞭水虱无经济价值，生物学特征研究很少。

平尾似棒鞭水虱在我国黄渤海、东海和南海均有分布，国外主要分布于日本、美国佛罗里达州、墨西哥南部，加勒比海和巴西东南部海域。

海蟑螂

Ligia (Megaligia) exotica Roux, 1828

门	节肢动物门 Arthropoda 甲壳动物亚门 Crustacea
纲	软甲纲 Malacostraca
目	等足目 Isopoda
科	海蟑螂科 Ligiidae
属	海蟑螂属 *Ligia*

海蟑螂体椭圆形，头部短小。宽约为长的1/2。复眼1对，黑色，斜向列生于头部前缘外侧。第1对触角不发达；第2对触角长鞭35~45节。胸部7节，第1~7节的左、右后侧角渐次加强而尖削。每节有1对胸肢，适于爬行。腹部6节，第1、第2腹节小，第3~5腹节的后侧角尖削，腹肢叶片状。尾节后缘中央呈钝三角形。身体呈黑褐色或黄褐色，复眼黑色，胸肢指节橘红色，末端爪黑色。

海蟑螂生活于潮上带及高潮线附近，躲藏在岩石缝隙间，爬行迅速，常在岩石岸、码头、船坞、破旧船等处成群出现。为杂食性，喜食海藻，尤其贪食紫菜，也喜欢吃萱藻等经济藻类，对海藻养殖业造成相当大的危害，是海产养殖业敌害之一。另外，在中国南方沿海渔民常用海蟑螂治疗跌打损伤和小儿疳积等症，为药用动物之一。此外，海蟑螂是海洋等足类向陆地进化的过渡类型，具有独特的生物学研究价值。

海蟑螂在亚洲、非洲、北美洲沿海均有分布，我国见于南北沿海。

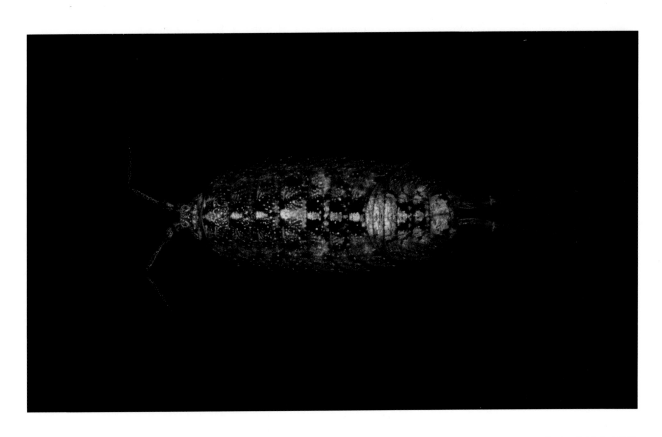

中国对虾

Penaeus chinensis (Osbeck, 1765)

门	节肢动物门 Arthropoda 甲壳动物亚门 Crustacea
纲	软甲纲 Malacostraca
目	十足目 Decapoda
科	对虾科 Penaeidae
属	对虾属 *Penaeus*

　　中国对虾甲壳薄而透明，个体大，雌性青蓝色，雄性呈棕黄色，雌性大于雄性。额角平直，基部稍隆起，上缘有7~9齿，下缘有3~5齿。头胸甲上有明显的肝沟和眼胃脊。第1触角柄第1节外缘末端有一小刺。第4~6腹节背中央有纵脊。尾节略短于第6腹节，末端呈尖细刺状，背中央有一深沟，两侧无活动刺。步足5对，前三对亚螯状，后两对爪状。

　　中国对虾多栖息于浅海泥沙底质，白天潜伏于泥沙内，夜晚在水层下部捕食底栖多毛类、小型甲壳类和双壳类等。中国对虾是一年生大型洄游虾类，每年3月生殖洄游，冬季向黄海南部避寒。雄性每年在10—11月交尾，雌虾至第2年4月间成熟。中国对虾经济价值高，是重要的养殖种。

　　中国对虾分布于我国的渤海、黄海和东海北部，是我国海域的常见种。国外分布于朝鲜。

日本对虾

Penaeus japonicus Spence Bate, 1888

日本对虾身体有鲜明的暗棕色和土黄色相间的横斑纹，附肢黄色，尾肢末端为鲜艳的蓝色，缘毛红色。额角侧沟长，伸至头胸甲后缘附近，上缘有8~10齿，下缘有1~2齿；额角后脊伸至头胸甲后缘，有中央沟。第1、第2对步足有基节刺。第4~6腹节有背脊；尾节长于第6腹节，有中央沟。

日本对虾生活于水深几米至近百米的沙、泥沙底质，摄食底栖生物，如双壳类、多毛类、小型甲壳动物等，也摄食底层浮游生物。产卵盛期为每年12月至翌年3月。幼体多分布在盐度较低的河口和港湾中。日本对虾是亚热带种类，适温范围为17~24 ℃。日本对虾是重要的养殖经济种和捕捞对象，渔期在8—10月。日本对虾肉鲜美，可鲜食或做虾仁。

日本对虾从我国黄海到南海均有分布，国外分布于日本北海道以南、朝鲜半岛、菲律宾、泰国、印度尼西亚、新加坡、马来西亚、非洲东部、马达加斯加、红海、澳大利亚北部、斐济附近海域。

门	节肢动物门 Arthropoda 甲壳动物亚门 Crustacea
纲	软甲纲 Malacostraca
目	十足目 Decapoda
科	对虾科 Penaeidae
属	对虾属 *Penaeus*

斑节对虾

Penaeus monodon Fabricius, 1798

门	节肢动物门 Arthropoda
	甲壳动物亚门 Crustacea
纲	软甲纲 Malacostraca
目	十足目 Decapoda
科	对虾科 Penaeidae
属	对虾属 *Penaeus*

　　斑节对虾体表光滑，壳稍厚。身体有暗绿色、棕色横斑相间排列，腹肢基部外侧呈黄色。额角伸至第1触角柄末端，末端稍向上弯曲，上缘有6~8枚齿，下缘有2~4枚齿，额角后脊延伸至头胸甲后缘附近，额角侧沟伸至胃上刺下方，额角侧脊低而钝。腹部第4~6节背面中央有纵脊。尾节长于第6节，背面有中央沟，两侧缘无刺。

　　斑节对虾栖息于泥沙质海底，白天潜于泥沙内，夜间活动。幼虾喜生活在草丛中，成体在较深海中生活。食性广泛，生活能力较强，是优良的养殖品种。该种个体大、生长快，是福建、台湾一带重要的养殖对象。

　　斑节对虾在我国的东海、南海有分布，黄渤海偶见养殖产品。国外分布于非洲、印度、巴基斯坦、斯里兰卡、马来西亚、印度尼西亚、菲律宾、日本、澳大利亚附近海域。

凡纳对虾
Penaeus vannamei Boone, 1931

凡纳对虾个体大，体色为淡青蓝色，甲壳较薄，体表带细小的斑点，全身不具斑纹，尾扇底端外缘呈带状红色。额角短，不超过第1触角的第2节，侧沟短，达胃上刺下方；上缘8~9齿，下缘1~2齿。头胸甲短，与腹部比例为1：3。第1~3对步足上肢发达，第4、第5对步足无上肢；第4~6腹节有背脊；尾节有中央沟。

凡纳对虾生活于泥沙底，杂食性，幼体摄食浮游动物的无节幼体；幼虾摄食浮游动物和底栖动物的幼体；成虾则以活的或死的动植物及有机碎屑为食，如蠕虫、各种水生昆虫及其幼体、小型软体动物和甲壳类、藻类等。凡纳对虾为热带种，具有广盐性特点，在盐度0~34‰的水域中均能正常生长。适宜水温为26~28 ℃。凡纳对虾是中南美洲的重要养殖对象，20世纪80年代末引入我国在沿海开展养殖，目前是我国重要的养殖经济种。

凡纳对虾原产于南美洲的太平洋沿岸，现我国沿海均有分布，为我国最大的养殖种。

门	节肢动物门 Arthropoda 甲壳动物亚门 Crustacea
纲	软甲纲 Malacostraca
目	十足目 Decapoda
科	对虾科 Penaeidae
属	对虾属 *Penaeus*

中国毛虾

Acetes chinensis Hansen, 1919

门 节肢动物门 Arthropoda
　 甲壳动物亚门 Crustacea

纲 软甲纲 Malacostraca

目 十足目 Decapoda

科 樱虾科 Sergestidae

属 毛虾属 *Acetes*

　　中国毛虾额角短小，侧面略呈三角形，上缘具两齿。头胸甲具眼后刺及肝刺。眼圆形，眼柄细长。第1触角雌雄异形，雄性第1触角柄第3节较长，其下鞭基部两节较粗；第3节自其内侧向内前方弯曲伸出，其外侧又生出1短小的节，末端有不等长的弯刺毛2根；雌性第1触角柄第3节很短，下鞭细小且直。第2触角鞭约为体长的3倍，其基部1/3处呈"S"形弯曲。第3颚足细长，远超出第2触角鳞片末端。步足3对，末端皆具微小钳状，第3对最长，其掌节之大半超出第2触角鳞片末端。雄性交接器头状部略呈弯曲之圆棒状，末部膨大，具钩刺部分较无刺部分为长。雌性第3步足基部之间腹甲向后突出，称为生殖板，其后中缘中部向前方凹陷，两侧为2突起，呈圆形或三角形。雌性第1腹肢无内肢。

　　中国毛虾体极侧扁，甲壳甚薄，无色透明。属于浮游性的沿岸低盐种，多栖息于泥沙底质的浅海区及河口附近。生长迅速，一年中能繁殖两个世代。可食用，制成的干制品称虾皮，滋味鲜美，亦可作为底层鱼类或虾类的天然饵料，经济价值较高。

　　中国毛虾在我国沿海常见，国外在朝鲜半岛和日本海域也有分布。

鹰爪虾

Trachysalambria curvirostris (Stimpson, 1860)

　　鹰爪虾身体棕红色，腹部弯曲时，状如鹰爪，因而得名鹰爪虾。甲壳厚，体表粗糙，密被绒毛。额角上缘8~10枚齿（含胃上刺），下缘无齿，雄性额角平直前伸，雌性末端向上弯曲。头胸甲有触角刺、肝刺和眼眶刺。第2步足有基节刺，5对步足均有外肢。第2至第6腹节背面有纵脊，第2腹节纵脊较短。尾节无固定刺，两侧有3对活动刺。雄性交接器锚形。

　　鹰爪虾是广温、广盐性底层中型经济虾类，主要栖息于细沙、泥沙质海底。鹰爪虾主要分布在沿岸水与外海高盐水交汇的海区，在水深30~60 m 的近海海域数量多，在水深80 m 以上的外海域数量很少，夏季主要分布在水深60 m 以内的海域，冬季向外海及北部较深水域洄游。鹰爪虾适应力较强，春季产卵时游至近岸。其结群性较强，特别是在生殖和越冬季节，8 月在近岸群体密集，数量最多。鹰爪虾为虾拖作业渔船主要捕捞对象之一，历史上产量较高，在虾拖渔业中占有重要地位。

　　鹰爪虾在我国东海、黄海、渤海、南海均有分布，国外广泛分布于日本、朝鲜、马来西亚、印度尼西亚、澳大利亚、非洲东岸、马达加斯加及地中海东部，是印度洋至西太平洋广布性种类。

门	节肢动物门　Arthropoda 甲壳动物亚门　Crustacea
纲	软甲纲　Malacostraca
目	十足目　Decapoda
科	对虾科　Penaeidae
属	鹰爪虾属　*Trachysalambria*

长指鼓虾
Alpheus digitalis De Haan, 1844

门	节肢动物门　Arthropoda 甲壳动物亚门　Crustacea
纲	软甲纲　Malacostraca
目	十足目　Decapoda
科	鼓虾科　Alpheidae
属	鼓虾属　*Alpheus*

　　长指鼓虾体圆粗，甲壳光滑。额角细小，刺状，额角后脊伸至头胸甲中部，脊的前1/3窄，两侧之沟宽而深，无眼刺。头胸甲光滑无刺。眼完全覆盖于头胸甲下。腹部各节粗短，背面圆。尾节宽而扁，背面微凸，中央纵沟两侧具活动刺2对。第1对步足特别强大，左右两螯之大小及形状均不相同，雄性较雌性者粗大，大螯的钳部完全超出第1触角柄末端，钳扁而宽，外缘厚，可动指之长度稍大于基部之宽度，掌的外缘末部平直无沟或缺刻。小螯短，指长，约为掌部长度的2倍左右，2指内缘弯曲，仅在末端合拢。第2步足细长，腕节由5小节组成，其中第2节稍长于第1节。

　　长指鼓虾身体表面有鲜明斑纹，多穴居于低潮线以下的泥沙中。繁殖期在秋季，卵产出后抱于雌性腹肢间直到孵化。遇敌时开闭大螯之指，发出响声如小鼓，故称鼓虾，北方又称嘎巴虾。在北方较常见，可鲜食或干制虾米，有一定的经济价值。

　　长指鼓虾在我国沿海都有分布，在国外分布于日本、朝鲜半岛、泰国、越南、缅甸、新加坡海域。

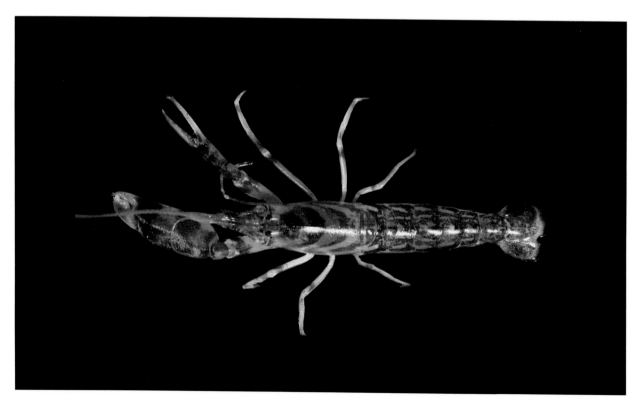

日本鼓虾

Alpheus japonicus Miers, 1897

日本鼓虾额角稍长而尖细，额角后脊宽而短，不明显。尾节背面圆滑，无纵沟。大螯窄长，其长约为宽之4倍，掌之内外缘在可动指基部后方各具1深缺刻，缺刻前方，可动指的基部背腹面各具1短刺，背面自外缘缺刻向后有1长三角形的凹陷。小螯细长，长度等于或大于大螯；雄者掌稍长于指，可动指背腹面外缘皆隆起呈脊状，2脊在末部汇合，故自外面观其形如药匙状，脊之内侧环以密毛；雌者掌与指长度相等，指细小不呈药匙状，毛稀疏。大小螯掌节内侧末端各具1尖刺。第2步足腕节分5节，其中第1节长于第2节。

日本鼓虾身体颜色不鲜艳，呈红棕色或褐绿色。日本鼓虾栖息于浅海区泥沙质海底，较常见，可鲜食或制虾米，亦是经济鱼类的天然饵料，有一定的经济价值。日本鼓虾在我国渤海、黄海、东海有分布，在国外分布于朝鲜半岛、日本和俄罗斯海域。

门	节肢动物门 Arthropoda 甲壳动物亚门 Crustacea
纲	软甲纲 Malacostraca
目	十足目 Decapoda
科	鼓虾科 Alpheidae
属	鼓虾属 *Alpheus*

叶齿鼓虾

Alpheus lobidens De Haan, 1849

门	节肢动物门 Arthropoda 甲壳动物亚门 Crustacea
纲	软甲纲 Malacostraca
目	十足目 Decapoda
科	鼓虾科 Alpheidae
属	鼓虾属 *Alpheus*

　　叶齿鼓虾额角尖锐，近三角形，伸至近第1触角柄第1节末端，侧沟较浅，额脊不明显。头胸甲前端突出，完全包裹两眼。第2触角鳞片退化，侧刺超过鳞片末端。第1步足不对称，大螯圆柱形，可动指基部内、外侧均无尖刺；小螯具性别二态性。第2步足腕节具5小节，第3步足指节单爪。尾节后缘稍圆。体墨绿色，大螯及腹部有黑色环纹。

　　叶齿鼓虾常生活在潮间带附近的泥沙和碎石下。本种较为常见，可食用，但数量不大，经济价值不高。

　　叶齿鼓虾在我国沿海都有分布，在印度洋至西太平洋海域也有广泛分布。

红条鞭腕虾
Lysmata vittata (Stimpson, 1860)

红条鞭腕虾是鞭腕虾科具红色条纹且常见的虾类，体长4~8 cm。其额角较短，延伸至第1触角柄第3节基部附近；上缘具6~10齿，下缘3~6齿。头胸甲具胃上刺、触角刺以及颊刺。腹部各节光滑，第3、第4节间不甚弯曲；第4、第5腹节侧甲后下缘尖锐小刺状；尾节基部宽，底部窄，中央具1小突起，其两侧具一对长刚毛和两对活动刺；尾节背缘着生2对活动刺。眼中等大小。第1触角柄第2节长度约等于第3节；第1触角柄刺未延伸至触角柄基节末缘。第2触角鳞片较短，仅延伸至第1触角柄的末端。第3颚足细长，具外肢。第1步足螯的全部或大半超出额角末端，指节超出第1触角柄末端，掌长于指，但比腕节短。第2步足细长，螯小，指节稍稍短于掌节，腕节多亚节。第3步足指节末端双爪状，腹缘具小刺4或5个。

红条鞭腕虾为温带和热带种，通体具有粗细相间的红色纵向斑纹。生活于泥沙底或沙底的浅海或珊瑚礁中，水深一般为0~50 m。

红条鞭腕虾在我国从渤海至南海的浅海均有分布，国外主要分布于红海、非洲东岸、马达加斯加、日本、菲律宾、印度尼西亚、澳大利亚等浅海海域。

门	节肢动物门 Arthropoda 甲壳动物亚门 Crustacea
纲	软甲纲 Malacostraca
目	十足目 Decapoda
科	鞭腕虾科 Lysmatidae
属	鞭腕虾属 *Lysmata*

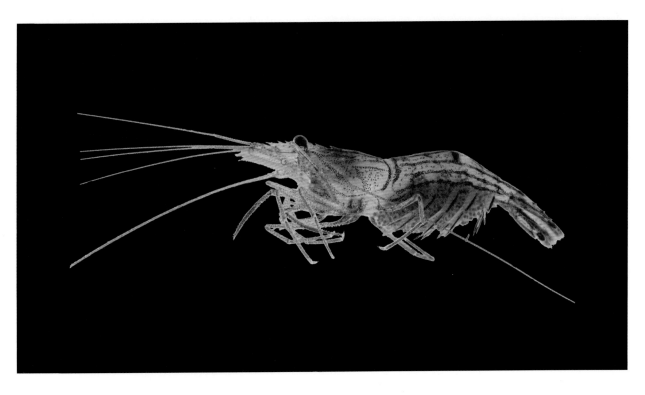

细额安乐虾

Eualus gracilirostris (Stimpson, 1860)

门	节肢动物门 Arthropoda
	甲壳动物亚门 Crustacea
纲	软甲纲 Malacostraca
目	十足目 Decapoda
科	托虾科 Thoridae
属	安乐虾属 *Eualus*

　　细额安乐虾隶属于甲壳动物托虾科，一般体长2~3.5 cm。其额角比较纤细，上缘有6个齿，其中最后一齿着生于头胸甲之上；下缘近末端有2~4齿。头胸甲上具有触角刺。眼柄长于眼角膜。第1触角柄延伸至第2触角鳞片中点，触角柄各节外缘末端均具一小刺；雌性个体触角柄刺延伸至第1触角柄第2节中点，雄性个体触角柄刺相对短，仅延伸至第1触角柄第1节末端。第2触角鳞片宽大，长约为宽的2倍。第3颚足具外肢及上肢。第1步足粗短，具上肢。第2步足细长，也具上肢。后3对步足均不具上肢。腹部第4、第5腹节侧甲后下缘尖锐刺状；尾节背缘着生4对刺，末缘尖锐，着生两对刺和1或2对刚毛。

　　细额安乐虾一般见于温带的浅海海域，在我国北方3—5月份常居群栖息于潮下带岩石滩的碎石底下交配觅食，警觉性非常低，素有憨虾之名；其他月份常见于近岸浅海海域。

　　细额安乐虾在我国主要分布在黄渤海近岸浅海，国外分布于日本及俄罗斯太平洋沿岸。

直额七腕虾
Heptacarpus rectirostris (Stimpson, 1860)

直额七腕虾为托虾科物种，一般成体体长3~5 cm，多呈青色或卵橙色，全身具细小斑点。额角短，上缘有5~6枚齿，下缘有3~4枚齿，头胸甲前缘有触角刺。眼圆筒形，单眼。第3颚足雌雄异形。第1~3步足具有上肢，第1步足的长节具有小刺。腹部圆滑。第1~3腹节侧甲后缘圆，第4、第5腹节侧甲后缘具刺。雄性第1腹肢内肢末端有钩状刚毛。尾节背面具4对活动刺，末端中央尖锐，两侧有3对刺。

直额七腕虾为典型温带种，常常栖息于海水清澈的岩石或泥沙底，或附着于海藻或其他物体上，每年3—6月为繁殖期。直额七腕虾在我国主要分布在黄渤海近岸水域，国外分布于日本及俄罗斯沿岸。

门	节肢动物门	Arthropoda
	甲壳动物亚门	Crustacea
纲	软甲纲	Malacostraca
目	十足目	Decapoda
科	托虾科	Thoridae
属	七腕虾属	*Heptacarpus*

日本褐虾
Crangon hakodatei Rathbun, 1902

门	节肢动物门 Arthropoda
	甲壳动物亚门 Crustacea
纲	软甲纲 Malacostraca
目	十足目 Decapoda
科	褐虾科 Crangonidae
属	褐虾属 *Crangon*

　　日本褐虾体长约40~70 mm。身体背面有棕黑色的小斑点，体侧颜色较浓。甲壳粗糙不平，覆盖短毛。头胸甲微扁平，有发达的颊刺、肝刺及胃上刺，触角刺略小。腹部较细长。腹部第3~5腹节背面中央有纵脊，第6腹节背面和腹面及尾节背面中央有纵沟。尾节长而尖细。第1对步足强壮，呈半钳状；第2、第3对步足细，第4和第5对步足大于前两对步足。

　　日本褐虾是黄渤海及东海北部常见的底栖性虾类之一，栖息于10~250 m的水深处，底拖网经常可以采集到，冬春季数量较多。日本褐虾生活于沙底或泥沙底的浅海，能变换体色形成保护色，以逃避敌害。日本褐虾重要的小型经济种，可食用。

　　日本褐虾主要分布在我国渤海、黄海和东海；国外分布于日本海、鄂霍次克海。

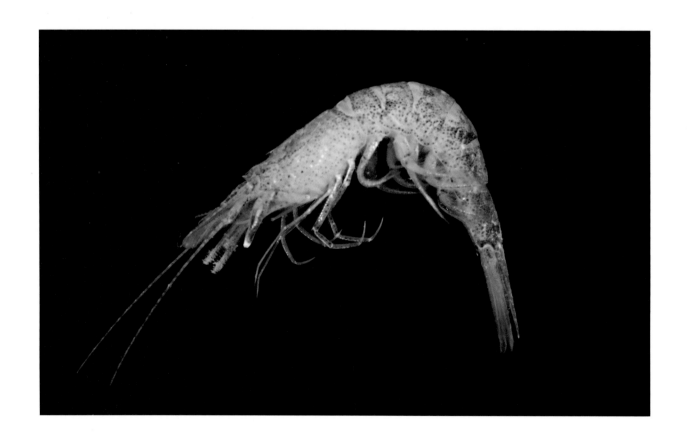

脊尾长臂虾

Palaemon carinicauda (Holthuis, 1950)

脊尾长臂虾额角甚细长，末部1/3~1/4超出第2触角鳞片末端，稍向上扬起，基部有一个鸡冠状隆起，上缘背缘有6~9个齿，末部稍向上扬起，末端有1个附加小齿，下缘腹缘有3~6个齿。触角刺甚小，鳃甲刺较大，其上方有一明显的鳃甲沟。腹部自第3~6腹节背面中央有明显的纵脊。第2对步足指节细长，两指切缘光滑无齿突。

脊尾长臂虾体透明，带蓝色或红棕色小斑点。抱卵雌性第1~5腹节两侧各有蓝色大圆斑。生活在近岸和浅海中，对环境的适应性强，在咸淡水中生长最快。食性广而杂，不论动、植物饵料均能摄食。一般白天潜伏在泥沙下1~3 cm，不活动，不摄食。夜间活动和摄食，在冬天低温时，有钻洞冬眠的习性，喜好群居。脊尾长臂虾繁殖能力强，几乎全年都有抱卵虾，一年可繁殖10次左右。肉质鲜美，还可以加工成高品质的虾米，其卵可干制成虾子。

脊尾长臂虾在国内主要分布于渤海、黄海、东海，在国外分布于朝鲜半岛海域。

门	节肢动物门 Arthropoda
	甲壳动物亚门 Crustacea
纲	软甲纲 Malacostraca
目	十足目 Decapoda
科	长臂虾科 Palaemonidae
属	长臂虾属 *Palaemon*

锯齿长臂虾

Palaemon serrifer (Stimpson, 1860)

门	节肢动物门 Arthropoda
	甲壳动物亚门 Crustacea
纲	软甲纲 Malacostraca
目	十足目 Decapoda
科	长臂虾科 Palaemonidae
属	长臂虾属 *Palaemon*

　　锯齿长臂虾额角末端不向上弯曲，侧面看较宽，大约伸至第2触角鳞片的末端附近，背缘有9~11个齿，有2~3个齿位于眼眶后缘的头胸甲上，末端有1~2个附加小齿，下缘腹缘有3~4个齿。触角刺与鳃甲刺大小相似。第2对步足掌部约为指节长的1.3~1.5倍长于指节。第3步足掌节约为远长于指节的2.5~3倍。

　　锯齿长臂虾体无色透明，头胸甲有纵向排列的棕色细纹，腹部各节有同样的横纹及纵纹。生活于沙或泥沙底的浅海中，通常多在低潮线附近浅水的岩沼石隙间隐藏，退潮时极易找到，是常见种，产量不大，无经济价值。

　　锯齿长臂虾在我国从北至南各省沿海常见，在印度、缅甸、泰国、印度尼西亚、澳大利亚、朝鲜半岛、日本至南西伯利亚附近海域都有分布。

滑脊等腕虾

Procletes levicarina (Spence Bate, 1888)

滑脊等腕虾身体呈黄褐色或浅褐色，略透明，上面散布着红色或粉色的小斑点，胸肢红色。额角长于头胸甲，末端尖，超过第2触角鳞片，上缘与头胸甲几乎相平，中部微向下曲，背面有10~14齿，后方有4~5齿位于头胸甲上，腹面有5~7齿。头胸甲背正中线有纵脊，头胸甲上有触角刺、颊刺，自这两刺后方各成棱起。第1~5腹节背面有纵脊，其中第3~5腹节的纵脊向后突出成末端刺。尾节背面有浅纵沟，两侧各有3对刺，尾节与尾肢略等长。第1步足短而简单；第2步足左右相称，腕节由6小节构成；后3对步足形状相似；步足无外肢。

滑脊等腕虾喜生活于水深14~393 m的泥沙底，拖网作业时常可捕获，但数量不多，经济价值不高。滑脊等腕虾在我国黄海、东海和南海均有分布，国外从红海到印度尼西亚、菲律宾、日本和韩国均有分布。

门	节肢动物门 Arthropoda 甲壳动物亚门 Crustacea
纲	软甲纲 Malacostraca
目	十足目 Decapoda
科	长额虾科 Pandalidae
属	等腕虾属 *Procletes*

细螯虾

Leptochela gracilis Stimpson, 1860

门	节肢动物门 Arthropoda
	甲壳动物亚门 Crustacea
纲	软甲纲 Malacostraca
目	十足目 Decapoda
科	玻璃虾科 Pasiphaeidae
属	细螯虾属 *Leptochela*

　　细螯虾体形小，透明，甲壳厚而光滑，上面散布红色斑点。腹部各节后缘的红色较浓。额角背缘直或末梢稍微上翘，可到第1触角基节末梢。第1触角基节不被头胸甲前端遮盖。腹部前3节及第6节背缘无中脊，第4节背面无中脊或不明显；第5腹节中脊明显，末缘向后延伸，有强烈向下弯的钩状锐齿。第6腹节背部前端隆起，成横脊，后方凹下；腹侧后部一对长而较直的细刺。尾节扁平，背面纵行凹下，末缘有5对活动刺。第1、第2步足钳细长，两指末端尖细且向内弯曲，内缘呈梳状；后3对步足形状相似。步足均有外肢。

　　细螯虾广泛分布于中国沿海，是我国海域传统渔业资源的捕捞对象，常与毛虾混栖，是生产虾皮的原料之一。细螯虾喜欢生活在泥质底或沙质底的浅海中，水深30~194 m。

　　细螯虾广泛分布于我国渤海、黄海、东海和南海，国外主要分布于韩国、日本、新加坡。

大蝼蛄虾

Upogebia major (de Haan, 1841)

大蝼蛄虾身体背面浅棕蓝色。头胸部侧扁,腹部平扁。额角三角形,下缘无刺,背面中央有纵沟,沟周围有丛毛和小突起。头胸甲两侧叶与额角间有深沟。头胸甲前侧缘有1尖刺。腹部第1节很窄。第1步足亚螯状,左右对称,雄性大于雌性;掌部侧扁,背腹缘均有成排小刺;亚螯不动指内面生有1个较小的刺;可动指长,雄性可动指外有10个长脊,内面具3~4个纵列长脊;雌性指节外面只有1条纵沟,沟两侧各具一行念珠状排列的小突起,内面具突起两行,中间为浅沟。第2~4对步足都不呈螯状。第5对步足末端具很小的亚螯。尾肢宽大。

大蝼蛄虾穴居于泥沙之内,沿岸浅水,潮间带,以小型甲壳动物为食。可食用,具经济价值。大连湾和胶州湾的产量最高。在虾类养殖池中,曾作为敌害虫被清除的对象。营养学家认为蝼蛄虾有极大的食用价值,高蛋白、低脂肪,并含有大量的矿物盐。蝼蛄虾每年的捕捞时间在夏末初秋。

大蝼蛄虾在我国渤海和黄海有分布,国外分布于朝鲜、日本和俄罗斯海域。

门	节肢动物门 Arthropoda 甲壳动物亚门 Crustacea
纲	软甲纲 Malacostraca
目	十足目 Decapoda
科	蝼蛄虾科 Upogebiidae
属	蝼蛄虾属 *Upogebia*

红斑后海螯虾

Metanephrops thomsoni (Bate, 1888)

门	节肢动物门　Arthropoda 甲壳动物亚门　Crustacea
纲	软甲纲　Malacostraca
目	十足目　Decapoda
科	海螯虾科　Nephropidae
属	后海螯虾属　*Metanephrops*

　　红斑后海螯虾额后脊具3对头后齿，头胸甲具两枚眼后刺，侧头后脊平滑且心脊上的小刺模糊，眼睛大呈肾状。大螯只有很弱的棱脊且具细小颗粒，仅在掌部内缘具数枚大刺，但可动指基部外缘无大刺。腹部无背脊，表面满布小陷点而刻纹弱，无纵沟且横沟浅（在第1腹节背甲几乎无），并于中央断续且间隔宽大。

　　红斑后海螯虾体表呈粉红色，腹面为淡粉红或白色，眼睛为黑褐色并有金黄色反射，大螯足具显著红色环斑，腹部关节点不呈白色而与其他部位颜色相同，尾扇末缘白色，卵呈浅蓝色。红斑后海螯虾生活在50~500 m的深海沙泥底，多栖息于100~200 m左右水深的深海区，以各种海底生物及小鱼为食。可食用，味道鲜美，但产量不多，经济价值较高。

　　红斑后海螯虾在我国黄海、东海和南海有分布，国外分布于日本和菲律宾海域。

解放眉足蟹

Blepharipoda liberata Shen, 1949

门	节肢动物门 Arthropoda 甲壳动物亚门 Crustacea
纲	软甲纲 Malacostraca
目	十足目 Decapoda
科	眉足蟹科 Blepharipodidae
属	眉足蟹属 *Blepharipoda*

　　解放眉足蟹头胸甲近似梯形，前部宽、后部窄，前部背面无毛，有颗粒，后部光滑，额缘具三角形齿，中央齿略小，为额角。前侧缘具4齿。腹部左右对称，折于胸部下方，分为2节。眼柄细长柱状，分为2节末节，长于基节。第2触角长于第1触角，两对触角鞭均具长毛，第1步足亚螯状，两侧等大，叶片状，侧扁；腕节前缘具一锐齿，掌节腹缘具一尖齿，可动指背缘具两齿。第2~4步足指节呈薄镰刀状。第5步足细长，亚螯状，折于头胸甲后侧缘。雄性第6腹节具一对尾肢。雄性除尾肢外，第2~5腹节各具1对附肢。

　　解放眉足蟹形态与陆地上的幼蝉相似，所以被称为海知了。过去曾被人食用，现已列为保护动物。潮间带生活的解放眉足蟹以随海水漂过来的细小肉屑和小型浮游动物为食，从而能起到净化沙滩、清洁海水的作用；另外，海知了喜欢在沙滩里钻来钻去，起到了疏通沙滩、防止板结的作用。解放眉足蟹很少活动且活动很慢，主要穴居在海滩和小沙丘里主要生活于低潮线至90 m水深的范围里，抱卵期在5月。

　　解放眉足蟹居分布于我国黄海、台湾。在朝鲜半岛、日本也有分布，喜好偏冷水，存活的范围较窄。

无刺窄颚蟹

Oedignathus inermis (Stimpson, 1860)

门	节肢动物门　Arthropoda
	甲壳动物亚门　Crustacea
纲	软甲纲　Malacostraca
目	十足目　Decapoda
科	软腹蟹科　Hapalogastridae
属	窄颚蟹属　*Oedignathus*

　　无刺窄颚蟹头胸甲前窄后宽，胃区稍隆起，两侧鳃区膨大，背表面覆盖有鳞片状和扁平状的疣突。额三角形。螯足不等大，右螯大、左螯小，各节背面具扁平的疣突，腕节前缘具一枚壮刺或突起。前3对步足粗壮，各节前缘没有棘刺，第4对步足折叠在鳃腔内。腹部柔软，呈囊状，折叠在头胸甲下方。

　　无刺窄颚蟹栖息于低潮线附近的岩石下或海藻间。

　　无刺窄颚蟹在我国渤海和黄海有分布。国外分布于日本、朝鲜、美国潮间带及浅海。

小形寄居蟹

Pagurus minutus Hess, 1865

小形寄居蟹楯部长大于宽。额角三角形或宽圆，眼柄稍短于楯部，角膜微膨胀，眼鳞有小的末端刺。螯显著不等，右螯大于左螯；雄性右螯更长，雌性右螯掌部背内缘被成排的刺，雄性则无。右螯掌部的背面有许多分散的小刺和结节；长节腹面有分散的结节和1明显的结节。左螯掌部背面凸缘，中央有2或3短排小刺，背侧缘亦有成行的小刺；腕节的背内缘和背侧缘都有成排的刺，背面无刺。步足指节长于掌节，侧面和内中面均有浅的长沟，腹缘有8~20个角质刺：第2对步足腕节有成行的小刺，第3对步足腕节有背末刺，第4对步足的掌节有成排的角质鳞片。尾节中缝宽，左后叶略大于右后叶，末缘水平或稍斜，均有2或3个大刺并被成行的小刺分开。

小形寄居蟹生活于泥沙潮间带，并延伸到河口区域。从潮间带至5 m的水深均有分布。小形寄居蟹对干露耐受能力较强，对盐度的耐受限度极大，是广盐性生物。当生命受到威胁时，小形寄居蟹会通过抛弃螺壳这种行为策略争取逃生机会。

门	节肢动物门 Arthropoda 甲壳动物亚门 Crustacea
纲	软甲纲 Malacostraca
目	十足目 Decapoda
科	寄居蟹科 Paguridae
属	寄居蟹属 *Pagurus*

大寄居蟹

Pagurus ochotensis Brandt, 1851

门	节肢动物门 Arthropoda 甲壳动物亚门 Crustacea
纲	软甲纲 Malacostraca
目	十足目 Decapoda
科	寄居蟹科 Paguridae
属	寄居蟹属 *Pagurus*

　　大寄居蟹个体较大。头胸甲前半部褐色，后半部红褐色；较扁平，前部坚硬。额角短宽。第2触角鳞片三棱形，触鞭长为头胸甲长的3倍。右螯显著大于左螯，螯肢表面和边缘生有许多刺状颗粒突起，无毛，腕节背缘突起较大。第2、第3步足扁，腕节、掌节和指节背面亦具许多刺突；第4、第5步足细小，呈亚螯状。腹肢退化，仅左侧有。

　　大寄居蟹多在较深海底生活，常有一种多毛类环唇沙蚕和它共栖，喜冷水种。当生命受到威胁时，大寄居蟹会通过抛弃螺壳这种行为策略争取逃生机会。大寄居蟹在我国黄海和东海有分布。国外在日本、俄罗斯、美国和加拿大海域均有分布。

红线黎明蟹

Matuta planipes Fabricius, 1798

红线黎明蟹头胸甲近圆形，宽稍大于长，表面具6个不明显的疣状突起，密布由紫红点所形成的网目图案，前侧缘具不等大的齿状突起，侧缘具1尖锐的壮刺。螯足强壮。掌节外侧面的基部具颗粒和1枚强壮的锐刺，内侧面的顶部具2个不等大而具刻纹的发声磨板，可动指外侧面具1条有刻纹的龙脊。步足呈桨状。除第3对步足长节的后缘具锯齿外，其余长节的前后缘均具硬毛。

红线黎明蟹生活于近岸到水深30~40 m的细、中沙或碎壳泥质沙底，退潮时也可采到。扁平的步足不仅可助游泳，受惊时可用末对步足在沙中掘沙，由体后部迅速潜入沙中。抱卵期在3、4月份之前。红线黎明蟹壳上有美丽的花纹，可作为观赏蟹。另外，红线黎明蟹可以食用，并且有一定的药用价值。

红线黎明蟹在我国分布于河北、天津、山东半岛至广西、海南岛沿海海域，国外分布于朝鲜半岛、日本、印度尼西亚、新加坡、越南、泰国、印度、伊朗、南非等地海域。

门	节肢动物门	Arthropoda
	甲壳动物亚门	Crustacea
纲	软甲纲	Malacostraca
目	十足目	Decapoda
科	黎明蟹科	Matutidae
属	黎明蟹属	*Matuta*

隆背体壮蟹

Romaleon gibbosulum (De Haan, 1835)

门	节肢动物门 Arthropoda
	甲壳动物亚门 Crustacea
纲	软甲纲 Malacostraca
目	十足目 Decapoda
科	黄道蟹科 Cancridae
属	体壮蟹属 *Romaleon*

　　隆背体壮蟹头胸甲呈圆扇形，宽大于长，分区明显，各区均隆起，具颗粒。额窄凸出，分3齿，中齿窄而凸，两侧齿较宽，末端圆钝。内眼窝齿呈三角形，背眼缘的齿突出，腹眼窝缘具细锯齿及1较大的内齿。第2触角基节的外末角凸出。前侧缘包括外眼窝齿在内共9齿，各齿边缘均具细锯齿，后侧缘前部具1小齿。螯足对称；腕节背面具细刺列，中末部具1突齿，内末角呈锐角形；掌节背缘及内、外侧面均有纵行的细刺列，外侧面的尤为尖锐，可动指的背、外侧面亦具排成纵列的细刺，两指内缘具大小不等的三角形钝齿。步足细长，表面具颗粒和绒毛，指节尤为细长，雄性第1腹肢末部趋尖，第2腹肢细长，腹部窄三角形，第3~5节愈合，第6节近矩形，尾节细长。

　　隆背体壮蟹生活环境为海水，主要生活于水深30~100 m的泥沙质或贝壳与沙质相混的海底，较为少见，无经济价值。隆背体壮蟹在我国主要分布于辽东半岛等地海域，国外分布于朝鲜半岛和日本海域。

颗粒拟关公蟹
Paradorippe granulate (De Haan, 1841)

颗粒拟关公蟹头胸甲宽大于长，前半部比后半部窄，各区隆起不明显，分区明显，鳃区背部颗粒最稠密。额密具软毛，稍凸出，其前缘凹陷，分为两个三角形齿。内眼窝齿钝。外眼窝齿锐长，达额齿末端，下内眼窝齿呈三角形，短于额齿。雌性螯足对称，雄性螯足常不对称，除指节外密具颗粒。较大螯足掌部膨大，最大宽度为长度的2倍；背缘及外侧面上部有颗粒，边缘有长毛；内侧面光滑，具短绒毛；不动指短，两指内缘有钝齿。较小的螯足掌部不膨肿，两指内缘也有钝齿。第2对步足最长，长节和腕节具粗颗粒和短毛；前节扁平，较光滑，长为宽约4倍；指节光滑无毛。末两对步足短小，位于近背面，第3对最短（座节和长节均短于末对步足）。雄性第1腹肢基部粗壮，近中部收缩，末部膨胀，末端具几枚几丁质突起，中央1枚较长，形如榔头，近末端的两枚突起如指状或叶状，另两枚较短小。

颗粒拟关公蟹活体头胸甲背面呈淡红色，腹面呈白色。全身除指节外密具颗粒。颗粒拟关公蟹常见于深度50 m以内的浅海海底，退潮时也可在泥沙滩上见到。常用最后2对步足的指节钩住一片贝壳行走，受惊后即停止前进，遇险时，则藏入贝壳下或弃壳而逃。本种较为常见，无经济价值。

颗粒拟关公蟹在我国分布于渤海、黄海、东海海域，在国外分布于日本、朝鲜半岛和俄罗斯海域。

门	节肢动物门 Arthropoda 甲壳动物亚门 Crustacea
纲	软甲纲 Malacostraca
目	十足目 Decapoda
科	关公蟹科 Dorippidae
属	拟关公蟹属 *Paradorippe*

日本拟平家蟹

Heikeopsis japonica (Von Siebold, 1824)

门	节肢动物门 Arthropoda
	甲壳动物亚门 Crustacea
纲	软甲纲 Malacostraca
目	十足目 Decapoda
科	关公蟹科 Dorippidae
属	拟平家蟹属 *Heikeopsis*

日本拟平家蟹头胸甲宽稍大于长，中等隆起，表面较光滑，但密覆短毛，分区显著。前鳃区周围具深沟，中、后鳃区隆起。中胃区两侧各具1深斑点状凹陷及细沟。尾胃区小而明显。心区凸，其前缘具1"V"形缺刻。额窄，由1"V"形缺刻分成两齿。内眼窝齿钝，外眼窝齿呈三角形，下内眼窝齿短，齿端指向外方。雌性螯足较小，对称；长节呈三棱形，略为弯曲；腕节短小而隆起；掌不膨大；指为掌长的2.5倍。前两对步足瘦长，第2对长于第1对，长节边缘具细颗粒和短毛；腕节前缘近末端有毛；掌节边缘及指节前、后缘的基半部有刚毛。末两对步足短小，位于背面，具短绒毛。第4对步足比第3对瘦长，掌节后缘基部突出，具1撮短毛，指呈钩状。雌性腹部呈长卵圆形，第2~5节愈合，但节线可辨；第3~5节中部各具1条横行隆脊。第6节略呈半圆形，中部隆起，两侧具纵沟。尾节呈钝三角形。

日本拟平家蟹生活于潮间带和近岸水深至130 m的泥沙底。本种较为常见，无经济价值。日本拟平家蟹在我国分布于渤海、黄海、东海、南海海域，在国外分布于日本、朝鲜半岛和越南海域。

隆线强蟹

Eucrate crenatade (De Haan, 1835)

隆线强蟹头胸甲呈近圆方形，两侧具深红色小斑点和小颗粒，前半部较后半部宽，表面隆起而光滑。额分成2叶，前缘横切，中央有缺刻。眼窝大，内眼窝齿下弯而尖锐，外眼窝齿呈钝三角形。前侧缘较短，连外眼窝齿在内共具4齿，末齿小。螯足左右不对称，长节光滑，腕节隆起，背面末部具有1簇绒毛，掌节有斑点，指节较掌节为长，两指间有大的空隙。步足略光滑，第1~3对步足依次渐长，末对步足最短，长节前缘具颗粒和短毛，其他各节也具短毛。雄性腹部呈锐三角形。第6节宽大于长，尾节较长，约为其宽的2倍；雌性腹部呈宽三角形。

隆线强蟹活体呈紫褐色，额及前侧缘边缘色较淡。主要生活于水深30~100 m的泥沙质或贝壳与沙质相混的海底，也有藏匿于低潮区的石块下。较为常见，无经济价值。

隆线强蟹在我国分布于渤海、黄海、东海、南海海域，在国外分布于日本、朝鲜半岛、泰国、印度和红海海域。

门	节肢动物门 Arthropoda 甲壳动物亚门 Crustacea
纲	软甲纲 Malacostraca
目	十足目 Decapoda
科	宽背蟹科 Euryplacidae
属	强蟹属 *Eucrate*

泥脚毛隆背蟹

Entricoplax vestita (De Haan, 1835)

门	节肢动物门 Arthropoda 甲壳动物亚门 Crustacea
纲	软甲纲 Malacostraca
目	十足目 Decapoda
科	长脚蟹科 Goneplacidae
属	毛隆背蟹属 *Entricoplax*

　　泥脚毛隆背蟹头胸甲呈宽椭圆形，表面密具绒毛，前后隆起；表面裸露时，较光滑。额稍宽，向前下方稍倾斜。眼窝背缘具有微细颗粒，外眼窝齿钝，腹缘具粗糙颗粒，内眼窝齿圆钝而不突出。前侧缘较后侧缘短，除外眼窝齿外，具有间隔较远的2齿，末齿较大、突出。后侧缘直、略向内后方斜，底缘宽，中部微凹。螯足左右不相称，长节呈棱柱形，腕节内、外末角各具1刺突；掌节扁平，外侧面具有浓密短毛，内侧面光秃，中部隆起，背、腹缘均具较粗颗粒，两指末端尖锐，内缘具不等大的齿，可动指外侧面基半部密具短毛。各对步足均细长，各节均密具短毛；第3对步足较长，腕节前末角呈角状突出，末对步足的前节及指节较侧扁。雄性腹部呈三角形，雌性腹部呈长卵形。

　　泥脚毛隆背蟹主要生活于水深30~100 m的泥沙质海底。较为常见，无经济价值。泥脚毛隆背蟹在我国分布于渤海、黄海、东海海域，在国外分布于日本、朝鲜半岛、澳大利亚和南非海域。

刺足掘沙蟹

Scalopidia spinosipes Stimpson, 1858

刺足掘沙蟹全身密覆短绒毛。头胸甲扁平，呈圆方形，表面密具麻点，前半部隆起，后半部低平。额窄，中央具1浅缺刻，边缘有锐颗粒。眼窝小，背面仅见到部分眼柄。前侧缘呈弧形，短于后侧缘，具细颗粒，后侧缘基半部向内收敛，后缘中部向内凹。第3颚足之间空隙较大，内肢座节具1纵沟。两性螯足不对称，座节内缘具小齿，长节背、腹内缘各具1列小齿，腕节内末角具1壮齿，外缘末部有颗粒。较大螯足掌部膨肿，光滑，不具颗粒，但有稀少短毛，两指基半部具粗大钝齿，末半部有小钝齿；较小螯足掌部不太膨肿，两指内缘均具小齿细齿和小钝齿。第3对步足最长，末对最短，各节均具短毛，各对长节边缘均有小刺，末对步足掌节短而宽扁，指节长于掌节，弯向外方。雄性腹部窄长，表面具短绒毛，分5节，尾节呈半圆形。雌性腹部分7节，呈卵圆形。雄性第1腹肢基部宽，逐渐向末部趋窄，具小刺，末端尖，弯向外方。

刺足掘沙蟹主要生活于水深20 m左右、多贝壳的泥沙质海底。较为常见，无经济价值。刺足掘沙蟹在我国分布于黄海、东海、南海海域，在国外分布于印度尼西亚、泰国和孟加拉湾海域。

门	节肢动物门 Arthropoda 甲壳动物亚门 Crustacea
纲	软甲纲 Malacostraca
目	十足目 Decapoda
科	掘沙蟹科 Scalopidiidae
属	掘沙蟹属 *Scalopidia*

七刺栗壳蟹

Arcania heptacantha (De Man, 1907)

节肢动物门 Arthropoda
甲壳动物亚门 Crustacea

纲 软甲纲 Malacostraca

目 十足目 Decapoda

科 玉蟹科 Leucosiidae

属 栗壳蟹属 *Arcania*

　　七刺栗壳蟹头胸甲呈菱形，长宽略等，表面密布细小颗粒。前缘中央1小缺刻分成两叶。肝区隆起，肠区显著，与鳃区之间有浅沟。头胸甲周缘有7刺，侧缘中部左右各突出有1长大锐刺，略上弯，后缘及后侧缘具几乎等长的5刺。螯足瘦长，表面有细颗粒。螯足的长节呈柱形，外缘近基部有1突起。腕节三角形。掌部前1/3纤细，基部2/3逐渐变粗。指节长于掌节，两指内缘均具细锯齿。步足瘦长，指节边缘具短刚毛。雄性腹部锐三角形，分5节，第1、第2节宽而短，第3~5节愈合，愈合节基部具细颗粒，其余表面光滑。雄性第1腹肢呈棒状，末端有长毛；雌性腹部呈卵圆形。

　　七刺栗壳蟹常栖息于水深6~150 m的软泥、泥质沙或沙质泥海底。较为常见，无经济价值。七刺栗壳蟹在我国分布于黄海、东海、南海海域，在国外分布于日本、泰国和新加坡海域。

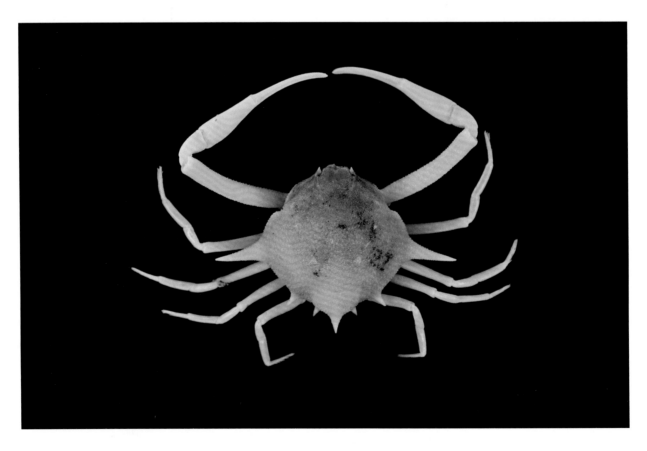

十一刺栗壳蟹

Arcania undecimspinosa De Haan, 1841

十一刺栗壳蟹头胸甲长略大于宽。背面隆起，表面密布颗粒。额缘中央有1 "V" 形缺刻，分成两枚锐三角齿，各齿表面密具细小泡状颗粒。眼大，呈圆形，近内侧具1小齿。头胸甲边缘具不等大的11个刺，后缘3个居中且较突出，每个刺的表面及边缘有小齿或颗粒。螯肢细长，除指节末端外，均具颗粒，长节圆柱形，掌节基部膨肿，向末端逐渐趋细。指节纤细，两指内缘均具短刚毛及细锯齿。步足细长，各节均具细颗粒，指节边缘具短刚毛。腹部及胸部腹甲均密具细颗粒。雄性腹部长为三角形，表面密具细尖颗粒，分5节，第3~5节愈合。雌性腹部呈圆形，分5节，第4~5节愈合。雄性第1腹肢长而细，基部宽，逐渐向末端趋窄，末部具一些细颗粒和长刚毛。

十一刺栗壳蟹常栖息于水深22~210 m的软泥、泥质沙或沙质泥海底。较为常见，无经济价值。十一刺栗壳蟹在我国分布于从黄海到南海的海域，在国外分布于朝鲜半岛、日本、印度、泰国、菲律宾、澳大利亚和塞舌尔群岛海域。

门	节肢动物门 Arthropoda 甲壳动物亚门 Crustacea
纲	软甲纲 Malacostraca
目	十足目 Decapoda
科	玉蟹科 Leucosiidae
属	栗壳蟹属 *Arcania*

豆形拳蟹
Pyrhila pisum (De Haan, 1841)

门	节肢动物门	Arthropoda
	甲壳动物亚门	Crustacea
纲	软甲纲	Malacostraca
目	十足目	Decapoda
科	玉蟹科	Leucosiidae
属	豆形拳蟹属	Pyrhila

豆形拳蟹头胸甲近圆形，长略大于宽，表面隆起具颗粒。额窄而短，前缘平直。螯足粗壮，长节呈圆柱形，背面基半部近中线有颗粒脊，近边缘密具细颗粒。指节长于掌节。雄性掌部长宽相等，两指内缘具细齿，不动指内缘中部稍隆起；雌性中部不隆起。步足光滑，长节圆柱形，掌节的前缘具光滑隆脊，后缘具细颗粒，指节呈披针状。雄性腹部呈锐三角形，分3节，愈合节基部中间向后呈钝圆形突出，两端隆起，表面密具细颗粒，两侧向末端收窄，尾节小。雌性腹部长卵形，分4节，第1节短，表面具细颗粒，第2节中部向后突出，两端较平坦，具1横列颗粒脊，大部分表面光滑。雄性第一腹肢呈棒状，末端具长指状突起，外侧有刚毛。

豆形拳蟹腹部扁平，背部突起，从上往下看呈圆形，头部突出有点像颗豆子，两只大螯前端的形状犹如拳击手套，豆形拳蟹之名便由此而来。豆形拳蟹栖息于浅水及低潮线的泥沙滩。移动时除了横行，也会向前直行，但行动缓慢，所以多在水里活动，坚硬的外壳让鱼儿难以吞咽，装死是它保护自己的方法。4月为繁殖期，常可见到求偶成功的豆形拳蟹成双成对。

豆形拳蟹在我国分布于从渤海到南海的海域，在国外分布于朝鲜半岛、日本、印度尼西亚、菲律宾、新加坡、美国等海域。

四齿矶蟹
Pugettia quadridens (De Haan, 1839)

四齿矶蟹头胸甲呈菱形，表面具大头棒形刚毛，有时密布短绒毛。肝区边缘向前后各伸出1齿，与后眼窝齿中间以凹陷相隔，眼窝前齿显著，后齿极小，额角约为头胸甲长的1/5。螯足对称，长节背内缘具4个疣状突起，长节、腕节、掌节的前后缘向外突起，掌节略长于指节。步足常具软毛，第1对步足最长，其后依次变短。第1步足长节背面光滑，腕节背面具凹陷，前节长，腹面中部及末端具2簇刚毛，指节腹节具刷状刚毛，末端角质且锐，向下弯曲。

四齿矶蟹栖息于低潮线，泥沙质、碎贝壳沙质海底。较为常见，无经济价值，在底栖生态系统中起一定作用。四齿矶蟹在我国分布于从渤海到南海的海域，在国外分布于朝鲜半岛和日本海域。

门	节肢动物门 Arthropoda 甲壳动物亚门 Crustacea
纲	软甲纲 Malacostraca
目	十足目 Decapoda
科	卧蜘蛛蟹科 Epialtidae
属	矶蟹属 *Pugettia*

枯瘦突眼蟹

Oregonia gracilis (Dana, 1851)

门	节肢动物门　Arthropoda 甲壳动物亚门　Crustacea
纲	软甲纲　Malacostraca
目	十足目　Decapoda
科	突眼蟹科　Oregoniidae
属	突眼蟹属　*Oregonia*

　　枯瘦突眼蟹头胸甲呈梨形，具疣状突起，大突起上常覆弯曲刚毛。额突出，具2根细长且并行的角状刺，末端分离。后眼窝锐长。眼柄伸出，长度与后眼窝刺几乎等长。雄性螯足粗壮，长节圆柱形，表面具疣状突起，掌节长度约为可动指长度的1.5~2倍。步足圆柱形，具软毛，第1对步足最长，向后依次变短。雄性第1腹肢基部粗壮，末部棒状，弯向腹外侧，末端具细刺。雄性腹部长方形，第6节呈梯形，基缘比末缘窄，尾节末端平钝。雌性腹部呈圆形。

　　枯瘦突眼蟹栖息于软泥、泥质沙、沙质泥的碎壳海底，多栖于浅水至深水370 m的泥沙质海底。善于伪装自己，头胸甲及肢体上常附着水螅、海藻、海绵、苔藓虫、海鞘、海葵及小型双壳动物。每年11月至翌年4月能见到枯瘦突眼蟹抱卵，在冬季通常被底拖网或流刺网捕获，属于经济价值较低的甲壳类。

　　在我国分布于渤海、黄海近岸，在国外分布于朝鲜半岛、日本、美国、加拿大等北太平洋近海海域。

贪精武蟹

Parapanope euagora De Man, 1895

贪精武蟹头胸甲呈六角形，宽大于长，边缘有细颗粒，分区明显，各区均隆起。头胸甲、腹部及步足均具软毛。额部凸出，被中央处浅缺刻分为两叶，每叶前缘中部稍内凹，侧叶与外眼窝齿间有缺刻。前侧缘具4个三角形齿，第1齿低小，第2齿稍大，第3、第4齿均较突锐。后侧缘斜直，背面具1斜行颗粒脊，与后侧缘平行。后缘平直。螯足不对称，长节背缘具粗颗粒。腕节背面粗糙具颗粒，内末角有一钝齿。掌外背面具2~3条纵行颗粒脊，近内侧一条颗粒大。两指末端内弯，合拢时具空隙。步足细长，具绒毛。前节及指节的前后缘均具刚毛，指节侧扁，末端角质。雄性腹部呈长条状，分7节，尾节呈锐三角形。

贪精武蟹生活于珊瑚礁或沙质具贝壳的浅水区。较为常见，无经济价值，在底栖生态系统中起一定作用。贪精武蟹在我国分布于从黄海到南海的海域，在国外分布于日本、印度尼西亚、印度海域。

门	节肢动物门 Arthropoda 甲壳动物亚门 Crustacea
纲	软甲纲 Malacostraca
目	十足目 Decapoda
科	静蟹科 Galenidae
属	精武蟹属 *Parapanope*

细点圆趾蟹
Ovalipes punctatus (De Haan, 1833)

门	节肢动物门 Arthropoda 甲壳动物亚门 Crustacea
纲	软甲纲 Malacostraca
目	十足目 Decapoda
科	圆趾蟹科 Ovalipidae
属	圆趾蟹属 *Ovalipes*

细点圆趾蟹头胸甲宽大于长，表面隆起，分区不明显，胃、心区间呈"H"形深沟。额具4齿，尖突，中间的1对较两侧细窄。眼窝背缘具1缺刻，其外侧具1锐齿。前侧缘具5齿（包含外眼窝齿），第1齿最大，依次渐小，各齿内缘内凹，外缘基部拱曲，外缘长于内缘。螯足近等，粗壮，长节内侧面和背面的末缘均具颗粒及短毛。腕节内齿明显且大，表面有细颗粒及2条不明显的颗粒脊。掌节背面与外侧面共有5条颗粒脊，内侧面中部具2条颗粒脊，腹面约有20~30条横行颗粒脊，可与第1对步足长节末缘环状角质隆脊相摩擦而发出声响。两指均具明显颗粒棱线，可动指背面具3列纵行细刺，两指内缘具不等大齿。步足宽，末3节扁平，第4对步足的掌节、指节扁平而大，指节边缘有短毛，呈卵圆形，以适于游泳。雄性腹部分5节（第3~5节愈合，节线明显），第2、第3节各具1横脊；第6节近梯形，宽大于长，尾节三角形。

细点圆趾蟹通常栖息于水深10~130 m的细沙、泥沙质或碎贝壳海底，属广温、广盐性种类。在我国黄东海群体数量大，资源密度高，且具有较高的营养价值，适合进一步开发利用。细点圆趾蟹一年四季摄食强烈，不同性别和不同生活阶段的个体摄食强度没有很大的差异，其产卵期较长，盛期在3—5月。

细点圆趾蟹在我国分布于黄海和东海海域。日本、澳大利亚、新西兰、秘鲁、智利、乌拉圭、南非等地海域也有分布。

双斑蟳

Charybdis bimaculata (Miers, 1886)

双斑蟳头胸甲表面密布短绒毛和分散的低圆锥形颗粒；心区与中鳃区具颗粒群；中鳃区各具1圆形小红点。额分6齿，中间的1对较第1侧齿稍突出，第2侧齿小，几乎与内眼窝齿相合。眼窝背缘具2条短裂缝，内眼窝齿钝，腹眼窝缘外侧具细锯齿，内侧光滑。第2触角位于眼窝缝中。前侧缘分6齿，第1齿最大，第2齿最小，第3~5齿逐次减小，末齿尖长。螯足粗壮，不对称，长节前缘具3刺，后缘末端具1小刺，背面末半部覆有鳞状颗粒；腕节内末角具1长锐刺，外侧面具3小刺；掌节背面具2条颗粒隆线，近末端处各具1齿，外基角有1较大的齿；指节细，向内弯曲，内缘具不对称壮齿。末对步足长节后缘近末端具1尖刺，前节后缘光滑。雄性第1腹肢粗壮，末梢外侧具长刺，内侧具小刺。雄性腹部呈宽三角形，第3~5节愈合，第6节侧缘稍凸，尾节近三角形。

双斑蟳栖息于近岸浅海，或水深20~430 m的泥质、沙质或泥沙混合而多碎贝壳的海底。双斑蟳较常见，但个体小，经济价值未被发现，如能解决加工问题，未来可开发为食用品种。

双斑蟳在我国黄海到南海海域均有分布，在国外分布于朝鲜半岛、日本、澳大利亚、印度、马尔代夫群岛等海域。

门	节肢动物门 Arthropoda 甲壳动物亚门 Crustacea
纲	软甲纲 Malacostraca
目	十足目 Decapoda
科	梭子蟹科 Portunidae
属	蟳属 *Charybdis*

日本蟳

Charybdis (Charybdis) japonica (A. Milne-Edwards, 1861)

门	节肢动物门 Arthropoda 甲壳动物亚门 Crustacea
纲	软甲纲 Malacostraca
目	十足目 Decapoda
科	梭子蟹科 Portunidae
属	蟳属 Charybdis

日本蟳头胸甲横卵圆形，表面隆起，幼小个体表面具绒毛，成熟个体后半部光滑无毛。胃、鳃区常具微细的颗粒隆脊。额稍突，具6锐齿，中央2齿较突出，第1侧齿稍指向外侧，第2侧齿较窄。额齿前缘随生长逐渐趋尖。内眼窝齿比各额齿大。眼窝背缘具2缝，腹缘具1缝。前侧缘拱起，具6齿，尖锐突出，腹面具绒毛。第2触角鞭位于眼窝外。两螯粗壮，不等称，长节前缘具3枚稍大的棘刺，腕节内末角具1棘刺，外侧面具3小刺，掌节厚实，内、外侧面隆起，背面具5齿，指节长于掌节，表面具纵沟，内缘有大小不等的钝齿。步足背、腹缘均具刚毛。末对步足长节后缘近末端处具1锐刺。雄性第一腹肢末部细长，弯指向外方，末段两侧均具刚毛。雄性腹部三角形，尾节三角形，末缘圆钝。雌性腹部呈长圆形，密具软毛。

日本蟳生活于低潮线附近，栖息于有水草、泥沙或石块的浅海底，不喜欢泥质。日本蟳性好争斗，各自占据一定面积为地盘。日本蟳的摄食范围很广，它的食物主要有双壳类、甲壳类、鱼类、多毛类和头足类动物，偶尔也会同类残食。日本蟳较为常见，其肉质细嫩，味道鲜美，营养丰富，具有较高的食用价值和经济价值，在我国北方是一种重要的食用蟹类。

日本蟳广泛分布于我国沿海，在国外分布于朝鲜半岛、日本、马来西亚、红海等地海域。

圆球股窗蟹

Scopimera globosa (De Haan, 1835)

圆球股窗蟹体形小，颜色与沙色相似。额窄长，向下弯曲，眼柄很长，外眼窝齿呈三角形。头胸甲甚突，呈球形，宽约为长的1.5倍，背面具浅沟和分散的细颗粒。第3颚足宽而大，中部隆起，表面具细颗粒。螯足对称，长节内侧面凹，外侧面隆起，两者各具一长卵圆形鼓膜，外侧鼓膜小。步足长节内外侧面均具一卵圆形鼓膜。

圆球股窗蟹多穴居在平静的海湾潮间带，只在洞口附近觅食，洞口外常有许多粒状沙球。圆球股窗蟹无经济价值，潮间带生态系统的常见种。

圆球股窗蟹分布于我国广东、福建、山东、台湾等地海域，国外分布于朝鲜半岛、日本和斯里兰卡海域。

门	节肢动物门 Arthropoda 甲壳动物亚门 Crustacea
纲	软甲纲 Malacostraca
目	十足目 Decapoda
科	毛带蟹科 Dotillidae
属	股窗蟹属 *Scopimera*

短身大眼蟹

Macrophthalmus (*Macrophthalmus*) *abbreviatus* Manning & Holthuis, 1981

门	节肢动物门 Arthropoda 甲壳动物亚门 Crustacea
纲	软甲纲 Malacostraca
目	十足目 Decapoda
科	大眼蟹科 Macrophthalmidae
属	大眼蟹属 *Macrophthalmus*

短身大眼蟹体呈土棕色，上面密布斑点。额窄而突出，背面具倒"Y"形沟。头胸甲横宽，宽约为长的2.5倍，前半部宽于后半部为宽，表面具颗粒，雄性的颗粒更明显，分区明显，各区之间有浅沟隔开，胃区近方形，心区呈矩形。眼窝的腹缘突出，具锯齿，背缘具颗粒，眼柄细长，侧缘密布软毛。雌性螯足很小，雄性螯足大而长。步足细长，第3对最长，第4对最短。各步足长节的背缘均具较长的刚毛。雄性腹部呈钝三角形；雌性为扁圆形，表面光滑。

短身大眼蟹栖息于潮间带低潮线泥滩上。在退潮仍积水的海滩上，身体没入水中，只露出细长的眼睛观察水面上的动静，像哨兵在瞭望。身体上常附生藻类，利于生存，遇危险时采取后掘式浅埋入沙中。

短身大眼蟹在我国海域均有分布，国外分布于朝鲜半岛和日本海域。

日本大眼蟹

Macrophthalmus (*Mareotis*) *japonicus* (De Haan, 1835)

日本大眼蟹头胸甲的宽度约为长度的1.5倍，表面具颗粒及软毛，雄性尤密；分区明显，胃区略呈心形，心、肠区连成"T"形，鳃区有2条平行的横行浅沟。额很窄，稍向下弯曲，表面中部有1条纵痕。前侧缘第1齿三角形，与第2齿有较深的缺刻相隔。螯足粗壮，对称，雄性的螯大于雌性。雄性螯足掌节光滑，指节向下弯曲，指尖无空隙。步足边缘具有颗粒和短毛。雄性腹部长三角形，尾节末缘半圆形。雌性腹部圆大。

日本大眼蟹生活在近海潮间带或河口处的泥沙滩上，掘洞生活。日本大眼蟹作为河口生态系统关键组成部分，在调节和改变河口湿地的生源要素动态中起着重要作用。身体上常附生藻类，利于生存。

日本大眼蟹在中国沿海均有分布，国外分布于日本、朝鲜半岛、新加坡和澳大利亚附近海域。

门	节肢动物门 Arthropoda 甲壳动物亚门 Crustacea
纲	软甲纲 Malacostraca
目	十足目 Decapoda
科	大眼蟹科 Macrophthalmidae
属	大眼蟹属 *Macrophthalmus*

弧边管招潮蟹

Tubuca arcuata (De Haan, 1835)

门	节肢动物门 Arthropoda
	甲壳动物亚门 Crustacea
纲	软甲纲 Malacostraca
目	十足目 Decapoda
科	沙蟹科 Ocypodidae
属	管招潮属 *Tubuca*

　　弧边管招潮蟹头胸甲前宽后窄，表面光滑，上面有深色的网状花纹。额中部具1细缝。眼窝宽而深，眼柄细长，外眼窝角三角形。前侧缘末端向背后方引入1条斜行隆线，形成凹入的后侧面。雄蟹螯足极不对称，大螯掌节外侧面具粗糙颗粒；两指侧扁，长度约为掌节的1.3倍，内缘平直，之间空隙很大。步足长节粗壮，前缘具细锯齿。雄性腹部略呈长方形，窄长，尾节半圆形。雌性腹部卵圆形，尾节末缘半圆形。

　　弧边管招潮蟹多穴居于沼泽泥滩中，会筑烟囱状的洞口，生性喜隐秘。弧边管招潮蟹的活动随潮水的涨落有一定的规律，高潮时停于洞底，退潮后则到海滩上活动、取食。以沉积物为食，能吞食泥沙，摄取其中的藻类和有机物，将不可食的部分吐出。雄性个体常以大螯竖立招引雌性或威吓其他动物。弧边管招潮蟹短距离迁移能力较强，单次迁移距离可达30 m以上。污染较严重的生境中弧边管招潮蟹用于觅食和洞穴行为的时间均显著减少，导致其生物扰动作用减弱，从而不利于红树林生态系统的健康。

　　弧边管招潮蟹在我国分布于山东、浙江、台湾、福建、广东等地海域，国外在日本、朝鲜半岛、澳大利亚、新加坡、新喀里多尼亚、印度尼西亚、菲律宾海域均有分布。

豆形短眼蟹

Xenophthalmus pinnotheroides White, 1846

豆形短眼蟹头胸甲近梯形，宽度略大于长度，表面光滑，但前半部及沿侧缘处覆有羽状刚毛，分区不明显。额窄而弯向前下方，背面观前缘中部略内凹，基部略紧束，侧角圆。眼窝呈纵裂缝状，两眼窝平行，眼柄不活动。螯足对称，雄性的较雌性的大，掌节较指节长。第1对步足前节的长度与宽度近乎相等，第2对步足腕、前节具成束密绒毛，第3、第4对步足瘦长，均具短毛，第3对最长。雄性腹部窄长，分7节，尾节末端钝圆，雌性腹部圆大，未能覆盖全部腹甲。

豆形短眼蟹潜居于水深5~30 m的泥沙底质，滤食性种，个体较小，为常见种。豆形短眼蟹在我国沿海均有分布，在国外广布于印度洋至西太平洋沿岸。

门	节肢动物门 Arthropoda 甲壳动物亚门 Crustacea
纲	软甲纲 Malacostraca
目	十足目 Decapoda
科	短眼蟹科 Xenophthalmidae
属	短眼蟹属 *Xenophthalmus*

中华绒螯蟹

Eriocheir sinensis (H. Milne-Edwards, 1853)

门	节肢动物门　Arthropoda 甲壳动物亚门　Crustacea
纲	软甲纲　Malacostraca
目	十足目　Decapoda
科	弓蟹科　Varunidae
属	绒螯蟹属　*Eriocheir*

中华绒螯蟹头胸甲呈圆方形，前半部稍窄，后半部宽，表面隆起。胃区和心区分界明显。额具4齿。前侧缘向外倾斜，包含外眼窝齿在内共4齿，末齿最小。螯足长节背缘近末端和腕节内末角各具1锐刺；掌节与指节基部的内外面均密生绒毛。各对步足长节背缘近末端均具1锐刺。后3对步足扁平；腕节和前节背缘具刚毛。

中华绒螯蟹常穴居于江、河、湖荡泥岸，昼匿夜出，以动物尸体或谷物为食。中华绒螯蟹会生殖洄游，每年秋天洄游到近海河口产卵交配，下一年春季孵化，逐步发育成熟。中华绒螯蟹肉味鲜美，是我国重要的养殖经济种，具有重要的经济价值。

中华绒螯蟹分布在我国东部沿海及通海的河流和湖泊中。国外分布于朝鲜半岛、欧洲和北美洲沿海。

平背蟚

Gaetice depressus (De Haan, 1833)

平背蟚体色多变，头胸甲扁平，近方形，但前半部显著较后半部宽，表面光滑。额缘中部有较宽的凹陷。前侧缘包括外眼窝齿在内共分成3枚齿。左、右螯足约等大，有时不对称，雄性大于雌性；长节短，近内腹缘的末部具1条发音隆脊；腕节内末角圆钝；掌节光滑，外侧面下半部具1条光滑隆线。雄性腹部呈窄三角形，雌性腹部圆大。

平背蟚是小型蟹类，生活在潮间带岩石下或礁石缝隙中。平背蟚分布于我国沿海，国外见于朝鲜半岛和日本海域。

门	节肢动物门 Arthropoda 甲壳动物亚门 Crustacea
纲	软甲纲 Malacostraca
目	十足目 Decapoda
科	弓蟹科 Varunidae
属	蟚属 *Gaetice*

绒螯近方蟹
Hemigrapsus penicillatus (De Haan, 1835)

门	节肢动物门 Arthropoda 甲壳动物亚门 Crustacea
纲	软甲纲 Malacostraca
目	十足目 Decapoda
科	弓蟹科 Varunidae
属	近方蟹属 *Hemigrapsus*

　　绒螯近方蟹体以深棕色为主，布有少量淡色斑点，螯内侧及腹面乳白色，螯足的可动指呈红棕色。头胸甲呈方形，表面具细凹点，前半部具颗粒。额较前缘中部凹。下眼窝隆脊内侧部具6~7枚颗粒，外侧部具3个钝齿状突起。前侧缘包括外眼窝角在内共分成3枚齿。螯足雄大于雌，长节腹缘近末端具1条发音隆脊；掌节内外面近两指基部具绒毛，而雌体和幼体均无。雄性腹部呈窄长的三角形。雌性呈圆形。

　　绒螯近方蟹是小型蟹类，栖息于海边岩石下或岩石缝中，偶见于河口泥滩。绒螯近方蟹是对虾养殖池塘的重要生物，是对虾感染对虾白斑综合征病毒的一个传播途径。绒螯近方蟹在我国沿海均有分布。国外见于朝鲜半岛和日本海域。

狭颚新绒螯蟹

Neoeriocheir leptognathus (Rathbun, 1913)

　　狭颚新绒螯蟹头胸甲呈圆方形，表面较平滑。额窄，前缘分成不明显的4齿，居中的2齿间的缺刻较浅。背眼窝缘凹入，腹眼窝缘下的隆脊具颗粒，延伸至外眼窝齿的腹面。前侧缘包括外眼窝齿在内共具3齿，第1齿最大，与第2齿之间具"V"形缺刻，第2齿锐突，第3齿最小。螯足，雄蟹此雌蟹大，长节内侧面的末半部具软毛，腕节内末角尖锐，下面有长软毛，掌节外侧面具微细颗粒，有1颗粒隆线延伸至不动指末端。步足瘦长，各对步足前、后缘均具长刚毛，第1、第2两对步足前节与指节的背面，又各具1列长刚毛。雄性腹部呈三角形，雌性腹部呈圆形。

　　狭颚新绒螯蟹多栖息于积有海水的泥坑中、河口的泥滩上及近海河口处。狭颚新绒螯蟹在中国沿海均有分布，国外分布于朝鲜半岛和日本海域。

门	节肢动物门 Arthropoda 甲壳动物亚门 Crustacea
纲	软甲纲 Malacostraca
目	十足目 Decapoda
科	弓蟹科 Varunidae
属	新绒螯蟹属 *Neoeriocheir*

七、棘皮动物

多棘海盘车

Asterias amurensis Lütken, 1871

门	棘皮动物门 Echinodermata
纲	海星纲 Asteroidea
目	钳棘目 Forcipulatida
科	海盘车科 Asteriidae
属	海盘车属 *Asterias*

　　五角星状，体扁，背面稍隆起，口面很平。腕5个，基部宽，末端渐渐变细，边缘很薄。背棘短小，分布不密。生活时反口面为蓝紫色，腕的边缘、棘和突起为浅黄色到黄褐色，口面为黄褐色。为我国黄海沿岸一种极为普遍的海星，多生活在潮间带至水深40 m的沙底或岩石底。

　　多棘海盘车喜食贝类，是底栖生物群落中重要的捕食者，因食量大，泛滥时对扇贝、魁蚶、牡蛎、鲍鱼等贝类养殖和底播增殖造成严重危害。多棘海盘车生殖腺的蛋白质含量高，氨基酸种类齐全，维生素和无机元素种类丰富且含量较高，无重金属污染，具有较高的食用价值。

海燕

Patiria pectinifera (Müller & Troschel, 1842)

腕多为5个，也有具4、6、7或8个腕的。反口面隆起，边缘锐峭，口面很平。生活时反口面为深蓝和丹红色交错排列，但变异很大，从完全深蓝到完全丹红色；口面为橘黄色。生活在沿岸浅海的沙底、碎贝壳和岩礁底。繁殖季节6—7月。为我国北方沿岸浅海的常见种。

海燕是掠食性动物，最近几十年，海燕大规模暴发，在有些养殖水域，海燕依靠气味能够精确定位贝类的位置，并挖掘出摄食，在一些贝类放流的区域也发现了大量的海燕，流放密度不同，海燕聚集密度也不同，海燕可摄食很多稚贝幼苗，对增殖放流造成很大的损失。

（门）	棘皮动物门	Echinodermata
（纲）	海星纲	Asteroidea
（目）	瓣棘目	Valvatida
（科）	海燕科	Asterinidae
（属）	海燕属·	*Patiria*

陶氏太阳海星

Solaster dawsoni Verrill, 1880

门	棘皮动物门	Echinodermata
纲	海星纲	Asteroidea
目	瓣棘目	Valvatida
科	太阳海星科	Solasteridae
属	太阳海星属	*Solaster*

盘大而圆。腕略呈圆柱形，末端短尖，表面具疣状突起，数目为10~15个，腕端部呈橙黄色或橙红色。腕不易折断。反口面小柱体大而稀疏，圆形或椭圆形。栖息于浅海至400 m水深的泥沙质底，分布于黄海。

陶氏太阳海星营养价值比较高，具有一定的食用价值。陶氏太阳海星中锌、铁、铜、硒等无机元素含量丰富，这些都是人体必需的微量元素，特别是锌含量较高。

紫蛇尾
Ophiopholis mirabilis (Duncan, 1879)

盘圆形，稍隆起。背面盖有大小不同的鳞片，盘中央和间辐部散布短钝的小棘。5条腕，紫褐色，有白色间带条纹。栖息于沙质，泥沙质和沙砾质底的低潮线以下至浅海，常见于近海拖网渔获中。

紫蛇尾不仅物种多样性丰富，自身还具有多种生理特性。创伤后再生机制是蛇尾等棘皮动物重要的生理特性之一。蛇尾在遭遇捕食者或恶劣环境时自发断腕逃离困境，若多条腕同时损伤可同时再生，2条腕仍能维持正常生活并进行再生。南海及黄海底栖紫蛇尾的胃含物中存在微塑料，对该类优势底栖种群的调查将有助于充分了解微塑料污染的生态风险。

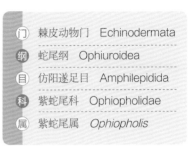

门	棘皮动物门	Echinodermata
纲	蛇尾纲	Ophiuroidea
目	仿阳遂足目	Amphilepidida
科	紫蛇尾科	Ophiopholidae
属	紫蛇尾属	*Ophiopholis*

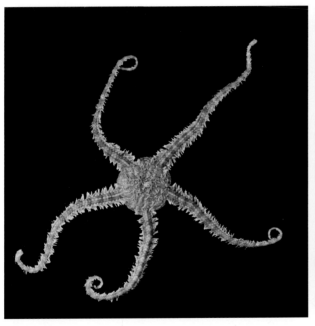

锯羽丽海羊齿

Antedon serrata AH Clark, 1908

门	棘皮动物门	Echinodermata
纲	海百合纲	Crinoidea
目	栉羽枝目	Comatulida
科	海羊齿科	Antedonidae
属	海羊齿属	*Antedon*

　　锯羽丽海羊齿的酒精标本为黄褐色，腕上常有深色斑纹。中背板为半球形，背极很小。卷枝窝密集，呈不规则的2~3圈排列。卷枝节的背面平滑，无背棘。腕数为10个。腕板外缘皆光滑，不凸出带细刺。不动关节起首2节很短，以后各节的长约为宽的2~3倍，各节的外端膨大，向外突出，且具细刺，呈锯齿状。腕中部和远端的羽枝都很细。栖息于潮下带、岩石底或带贝壳的石砾底，水深可达63 m。在我国黄海和东海有分布。

细雕刻肋海胆
Temnopleurus toreumaticus (Leske, 1778)

壳厚且坚固，形状变化很大，从低半球形到高圆锥形。壳为黄褐、灰绿等。肛门靠近中央。反口面的大棘短小，尖锐呈针状；口面的大棘较长，略弯曲；赤道部的大棘最长，末端宽、扁呈截断形。大棘在灰绿、黑绿或浅黄褐色的底子上，有3~4条红紫或紫褐色的横斑；也有的个体全为白色。

细雕刻肋海胆生活于潮间带到水深80 m的沙底或沙泥底。广泛分布于印度至西太平洋海域，在我国，从辽东半岛到海南岛南端海域均有分布。

门	棘皮动物门	Echinodermata
纲	海胆纲	Echinoidea
目	拱齿目	Camarodonta
科	刻肋海胆科	Temnopleuridae
属	刻肋海胆属	*Temnopleurus*

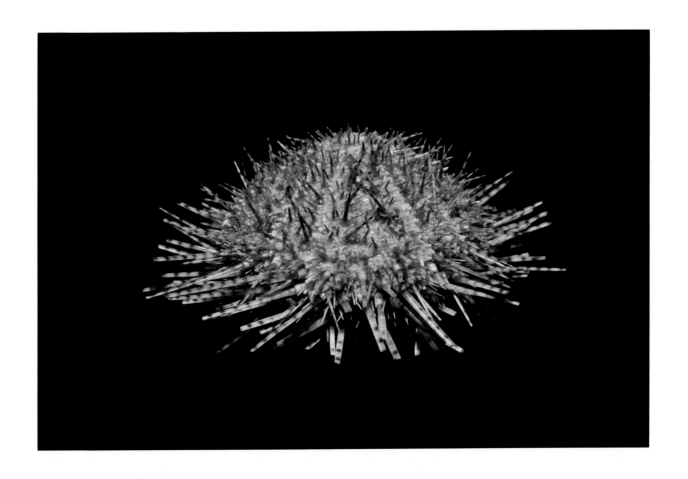

心形海胆

Echinocardium cordatum (Pennant, 1777)

门	棘皮动物门	Echinodermata
纲	海胆纲	Echinoidea
目	猥团目	Spatangoida
科	拉文海胆科	Loveniidae
属	心形海胆属	*Echinocardium*

　　心形海胆的壳为不规则的心脏形，薄而脆，后端为截断形。壳长普通为3~5 cm，前部1/3处最宽。棘常短小、多而密集，排列无秩序。反口面的棘很细，内带线范围内的大棘比较强大和弯曲。胸板上的大棘强大，且弯曲，端扁平呈匙状。

　　心形海胆为全球广布种，在我国各海域沿岸都有分布，主要分布在黄海。栖息于潮间带到水深230 m的沙底，穴居在沙底或泥沙底。主要摄食沙泥里边的有机质和微小动植物，如硅藻和有孔虫等。相比于潮下带，潮间带海胆分布得更分散，同时也埋得更深，海胆个体更大，棘刺更长，更坚固，表现出更高的硬度，这可能与潮间带和潮下带的沉积物颗粒大小、食物供应、海胆的小尺度分布和洞穴深度有关。

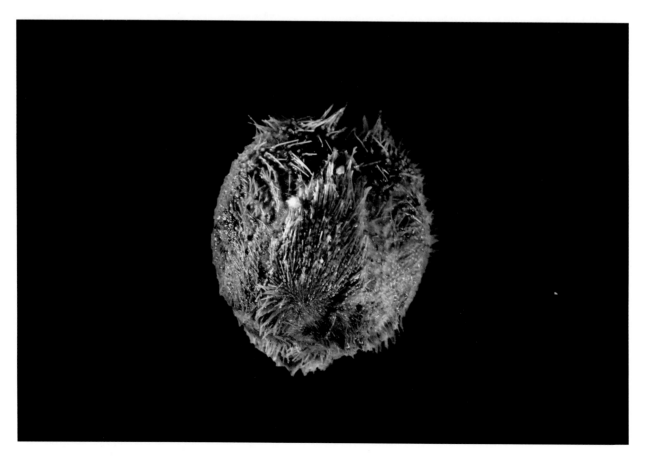

仿刺参

Apostichopus japonicus (Selenka, 1867)

体呈圆筒状，体长一般约200 mm。体壁厚而柔软，背面隆起，上有排列不规则的圆锥形疣足（肉刺）。腹面平坦，管足密集，排列成不很规则的3纵带。口偏于腹面，具触手20个。肛门偏于背面。体背面黄褐色或黑褐色，腹面黄褐色或赤褐色；部分个体呈绿色、紫褐色、灰白色。

门	棘皮动物门 Echinodermata
纲	海参纲 Holothuroidea
目	辛那参目 Synallactida
科	刺参科 Stichopodidae Haeckel, 1896
属	仿刺参属 *Apostichopus*

分布于我国的渤海，黄海沿岸。一般生活水深为3~5 m，少数可达10多米，幼小个体多生活在潮间带。昼伏夜出，通过躯体伸缩爬行，白天潜伏在海底，在夜间或弱光条件下，积极活动觅食，活动能力较弱。喜水质清澈、海藻丰富的细沙或礁岩海底等硬底。再生能力强，遇到敌害时可通过排出内脏的反冲力逃走，适宜的条件下，内脏可在50天左右重新再生。当环境水温超过20 ℃时逐渐进入夏眠，停止摄食，整体代谢下降，待水温降低后恢复生长。主要摄食沉积于海底表层的藻类碎屑、浮游动植物尸体、微生物以及夹杂其中的泥沙颗粒等。

仿刺参是一种重要的食用海参，体壁是主要的食用部位，蛋白含量较高，氨基酸含量丰富，磷脂含量高，胆固醇含量低，是一种低脂肪低胆固醇的食品。仿刺参品质优良，具有巨大的市场前景和经济效益。但由于仿刺参体内含有自溶酶，离开海水后不久就会发生自溶现象，给鲜品运输和贮藏带来一定困难。传统的加工形式（盐干海参、即食海参、淡干海参、干粉胶囊等）制作简单，成本较低，深加工的海参食品（酶水解制品、真空干燥海参、发酵营养素干粉等）工艺相对复杂，但营养保存效果较传统方法有优势。

八、半索动物

黄岛长吻虫
Saccoglossus hwangtauensis (Tchang & Koo, 1935)

门	半索动物门 Hemichordata
纲	肠鳃纲 Enteropneusta
科	玉钩虫科 Harrimaniidae
属	长吻虫属 *Saccoglossus*

黄岛长吻虫身体柔软，呈蠕虫状，体长约30 cm。吻较长，所以得名长吻虫。躯干部表面平滑，可分为前、中、后3部分。吻部为浅橘黄色，背腹侧扁，呈扁圆锥形。在背部和腹部两条中线上，各具1条或深或浅的纵沟，从吻的基部直达吻端，将吻分隔为左右两部分。领部表面较光滑，中部具有1条浅而宽的沟线，后部则有1条非常清晰的深沟。雌性为淡黄褐色，雄性淡黄或橘黄色。后躯干部为黄色，扁平呈管状，内部充满沙粒。

黄岛长吻虫一般穴居于中低潮区的细沙滩和泥沙滩中，穴居的深度通常为20~50 cm。行动缓慢，以沙泥中的有机质及微小生物为食。黄岛长吻虫主要分布于我国山东省的胶州湾附近海域，被列为国家一级保护动物。

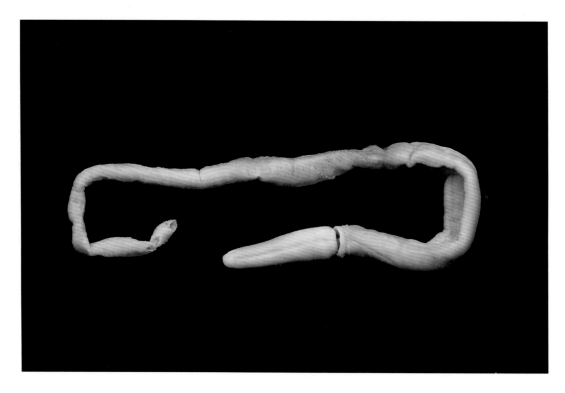

多鳃孔舌形虫

Glossobalanus polybranchioporus (Tchang & Liang, 1965)

多鳃孔舌形虫体长35~60 cm，身体柔软细长，呈蠕虫状，淡橘黄色，分为吻、领和躯干三部分。吻的形状呈尖锥或圆锥形，吻的后半部背面中央线上有1条纵沟，前端腹面中央和吻部交界处有1个很明显的口。领部具有许多纵走皱褶，前后1/3处各有1条深色的细弱的环线，环线间的领区色泽较淡。领的后缘是1条突起的边缘盖，紧接盖前端是一条深橘色的环带。躯干又分为鳃、生殖翼、肝和尾4个区。雌雄异体，性成熟的雌性的生殖翼紫棕色，雄性的生殖翼为橘黄或橘红色。

多鳃孔舌形虫穴居于中低潮区的细沙滩和泥沙滩中，穴呈不定形的"U"形，以沙底有机物质为食，主要分布于我国渤海北部至黄海南部，对研究动物系统进化有重要意义，是国家一级保护动物。

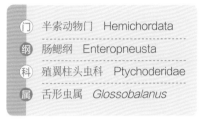

门	半索动物门	Hemichordata
纲	肠鳃纲	Enteropneusta
科	殖翼柱头虫科	Ptychoderidae
属	舌形虫属	*Glossobalanus*

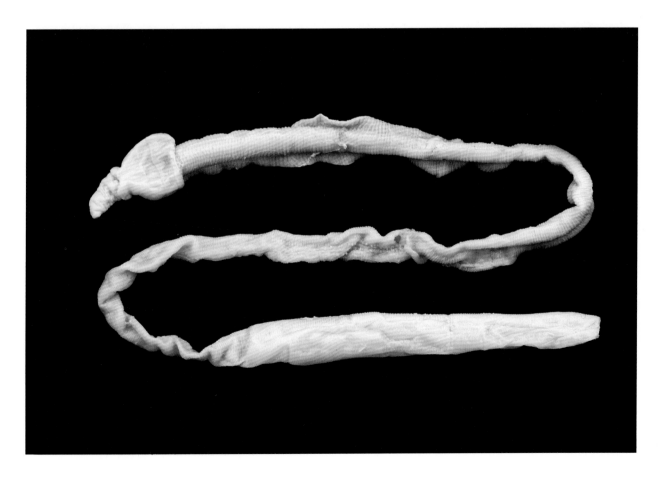

青岛橡头虫

Glandiceps qingdaoensis (An & Li, 2005)

门	半索动物门	Hemichordata
纲	肠鳃纲	Enteropneusta
科	斯氏柱头虫科	Spengliidae
属	橡头虫属	*Glandiceps*

青岛橡头虫体形较长，最大个体体长达10 cm。新鲜标本体色为黄色，体表具不规则的褐色斑纹。生殖翼为淡黄色。肝区为暗绿色。吻呈近圆锥形，背面中央和腹面具沟。领的后部中央具1特色沟，沟后部覆盖着皱褶。前唇宽于后唇。躯体近圆柱形，分为前生殖区、鳃生殖区、极短的肝区和细弱的肠区4个部分。鳃生殖区近圆柱形，具模糊的环纹沟，有1较深的腹沟和1深的背沟，并有1对平行于背沟的背脊。鳃孔小，不易看见。

青岛橡头虫的分布范围狭窄，目前仅在青岛胶州湾有分布，主要栖息在3~4 m深的海泥里，以海泥中的生物和腐殖质为食。青岛橡头虫处在无脊索动物向脊索动物过渡的类型，属于半脊索动物，在地球上的存在年代比文昌鱼要久远，这也正是青岛橡头虫的科研价值所在。

柄海鞘

Styela clava (Herdsman, 1881)

柄海鞘身体呈黄褐色棒状，体长70~100 mm，分为躯干与柄两部分，以柄部后端营附着生活。躯干部顶端有入水管和出水管，均较短。出入水管之间是柄海鞘的背部，对应的一侧为腹部。体表有褶皱，被囊革质，肌肉层薄，浅黄色，内表面有许多小囊状突起。鳃囊大，每侧具4个鳃褶，鳃孔平直。雌雄同体，异体受精，生殖腺分布于两侧外套膜上。卵巢金黄色，细长管状，精巢白色，分散于卵巢之间。

柄海鞘主要分布于中国渤海、黄海和东海的近岸海域。幼体营浮游生活，成体营固着生活。它们除了可以成簇密集生活外，还能附着在同种的其他个体上，同时自身又可以被其他个体附着，形成垒叠的聚生现象。柄海鞘在我国沿海大量繁殖，固着在码头、船坞、船体，以及海水养殖的海带筏和扇贝笼上，会对近海养殖业造成损失。

门	尾索动物门	Chordata
纲	海鞘纲	Ascidiacea
目	复鳃目	Stolidobranchia
科	柄海鞘科	Styelidae
属	柄海鞘属	*Styela*

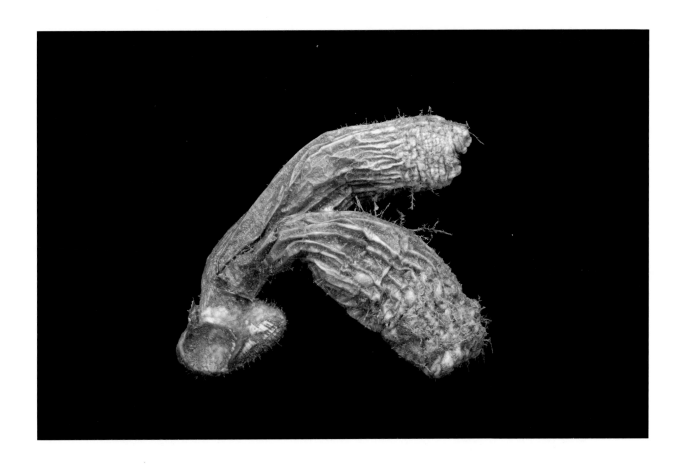

九、脊索动物

青岛文昌鱼
Branchiostoma belcheritsingtauense (Tchang & Koo, 1937)

门	脊索动物门　Chordata 头索动物亚门　Cephalochordata
纲	狭心纲　Leptocardia
目	双尖文昌鱼目　Amphioxiformes
科	文昌鱼科　Branchiostomidae
属	文昌鱼属　*Branchiostoma*

青岛文昌鱼体长约55 mm，身体侧扁，两端尖细，体色为半透明肉色。身体分为头部、躯干部和尾部。头部不明显，无脑分化，前端有眼点，腹面有1漏斗状凹陷，称为口前庭，周围生有口须33~59条。身体背中线有1背鳍，腹面自口向后有两条平行且对称的腹褶，腹褶延伸到腹孔前会合，末端为尾鳍；腹孔即排泄腔的开口。身体两侧肌节明显，65~69节。无心脏，血液无色。具脊索，位于身体背面，几乎贯穿全身。生殖细胞由腹孔排出，在海水中受精。

青岛文昌鱼主要分布于中国黄海近岸海域，栖息于疏松沙质海底，常钻于沙内，仅露出前端，滤食水流中的硅藻及小型浮游生物，游泳时以螺旋形方式前进。

青岛文昌鱼是国家二级保护动物，是无脊椎动物进化至脊椎动物的中间过渡的动物，是研究脊椎动物起源与演化的关键类群，具有重要的科研价值。

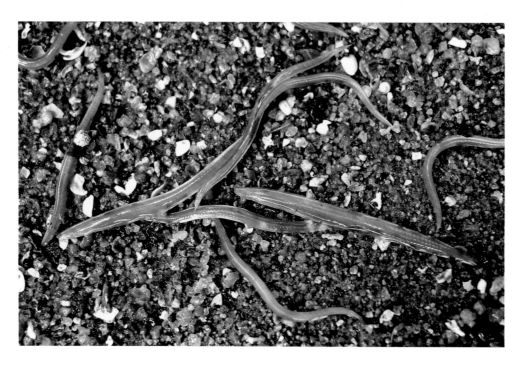

刀鲚

Coilia nasus Temminck & Schlegel, 1846

刀鲚，俗称刀鱼、毛刀鱼。体长、身侧扁，向后渐细尖呈镰刀状，因此得名。头及背部浅蓝色，体侧微黄色，腹部灰白色。各鳍基部均呈米黄色，尾鳍边缘黑色。刀鲚分布于中国、朝鲜半岛和日本，在我国主要分布于东海、黄海、渤海及各通海江河水系的中下游，长江口是中国刀鲚最大的河口渔场。刀鲚是典型的洄游鱼类，生殖季节从河口区进入淡水区，沿干流上溯至长江中游产卵场作生殖洄游。产卵后亲鱼陆续缓慢地顺流返回河口及近海。刀鲚肉质鲜美，营养丰富，深受人们的喜爱，并与鲥鱼、河豚并称"长江三鲜"。近年来长江刀鲚数量锐减，面临严重种群危机。刀鲚现可实现试验性人工繁育，但尚难实现规模化繁育。

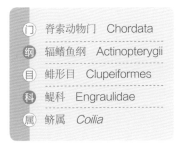

门	脊索动物门	Chordata
纲	辐鳍鱼纲	Actinopterygii
目	鲱形目	Clupeiformes
科	鳀科	Engraulidae
属	鲚属	*Coilia*

发光鲷

Acropoma japonicum Günther, 1859

门	脊索动物门	Chordata
纲	辐鳍鱼纲	Actinopterygii
目	鲈形目	Perciformes
科	发光鲷科	Acropomatidae
属	发光鲷属	*Acropoma*

　　发光鲷体呈长椭圆形，被细弱栉鳞，极易脱落。腹鳍附近具"U"形发光器，呈黄色，埋于皮下。暖水性能发光的底层小型鱼类。广泛分布于印度—西太平洋地区，西起东非，北至日本，南至阿拉弗拉海及澳大利亚北部，中国沿岸的南海、东海和黄海均有分布。主要栖息于大陆架斜坡，属近底层鱼种。以摄食浮游动物、糠虾类及少数底栖端足类为主，同时也是许多大中型鱼类的重要饵料生物，在东海海洋生物食物网中扮演重要角色。近年来，传统经济种类资源量呈现衰退趋势，而处于较低生态位的发光鲷由于捕食者的减少和环境因子的改变，渔获量明显增加，综合指标已居小型鱼类优势种首位，在鱼类群落中占据了相当重要的位置。

凤鲚
Coilia mystus (Linnaeus, 1758)

凤鲚，俗称凤尾鱼、烤子鱼。体延长，侧扁，向后渐细长；口大，下位，口裂倾斜；体银白色，背缘偏墨绿色；尾鳍尖端稍带黑色。凤鲚在我国东海、黄海和渤海的近海海域均有分布，为河口洄游性鱼类。凤鲚通常栖居于浅海，分散型生活，每年繁殖盛期在5—7月，繁殖期间集群洄游至河口咸淡水水域产卵，至8—9月份产卵后的亲体洄游入海，主要以小型无脊椎动物为食。凤鲚曾是长江口"五大鱼汛"之一，1974年捕捞产量高达5284 t，占长江口渔业总捕捞量48.6%。近年来，凤鲚资源急剧衰退，至2011年长江口捕捞产量仅为107.6 t，已几乎不能形成鱼汛，捕捞价值基本丧失。农业农村部已明令通告，要求自2019年2月1日起禁止刀鲚、凤鲚、河蟹三种天然资源的生产性捕捞。

	门	脊索动物门 Chordata
	纲	辐鳍鱼纲 Actinopterygii
	目	鲱形目 Clupeiformes
	科	鳀科 Engraulidae
	属	鲚属 *Coilia*

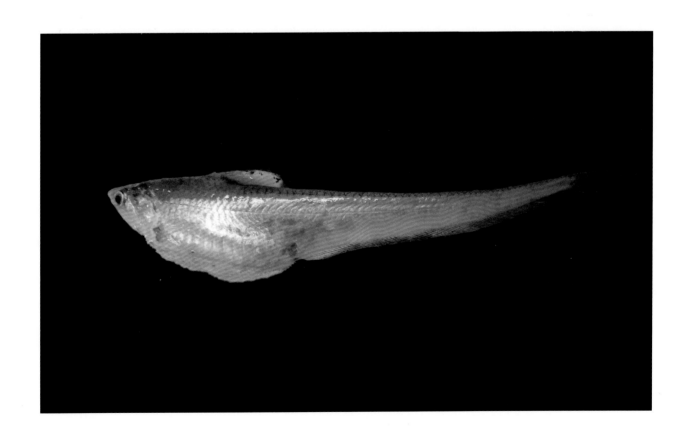

高体若鲹

Caranx equula Temminck & Schlegel, 1844

门	脊索动物门　Chordata
纲	辐鳍鱼纲　Actinopterygii
目	鲈形目　Perciformes
科	鲹科　Carangidae
属	若鲹属　*Caranx*

高体若鲹体呈卵圆形，高而侧扁，侧线明显，前半部呈弓状突起。体银色，背部蓝绿色，腹部银白色。成体体长可达50 cm。主要分布于印度太平洋沿岸水域，阿曼湾、日本、阿拉弗拉海、澳大利亚、新西兰、复活节岛等地海域均有记录，在我国主要分布于南海、东海、黄海等海域，以南海数量居多。成鱼主要栖息在大陆棚及大陆坡，栖息水体深度64~226 m。眼睛能够适应黑暗环境，具有较为良好的视力。属肉食性，以底栖性的甲壳类、头足类动物及小型鱼类为食。具较长的产卵期，在每年的5—10月内雌鱼反复产卵，文献记录每批可释放13862~79899个卵。高体若鲹可作为食用鱼，具有一定的经济价值。

黄鮟鱇

Lophius litulon (Jordan, 1902)

俗称海蛤蟆。体细长，头宽扁，表皮平滑，无鳞，体侧具有许多皮须。黄褐色体背具不规则深棕色网纹；腹面呈浅色，胸鳍底末梢呈深黑色。臀鳍与尾鳍深黑色，口腔呈淡白或微暗色。黄鮟鱇为近海底层鱼类，主要分布于太平洋和印度洋，在我国渤海、黄海、东海和南海均有分布。属于深海底栖性鱼类，常见于大陆坡外围和大陆斜坡上部区域，常栖息于深度100~600 m水域。黄鮟鱇身体里具一种腺细胞的分泌液，含有荧光素磷脂，荧光素在催化剂荧光酶作用下和血液中的氧化合，发出荧光，也叫冷光。此物种通常以吻触手及饵球引诱猎物前来，在瞬间吞吸猎物，以鱼类及甲壳类为食。

门	脊索动物门 Chordata
纲	辐鳍鱼纲 Actinopterygii
目	鮟鱇目 Lophiiformes
科	鮟鱇科 Lophiidae
属	黄鮟鱇属 *Lophius*

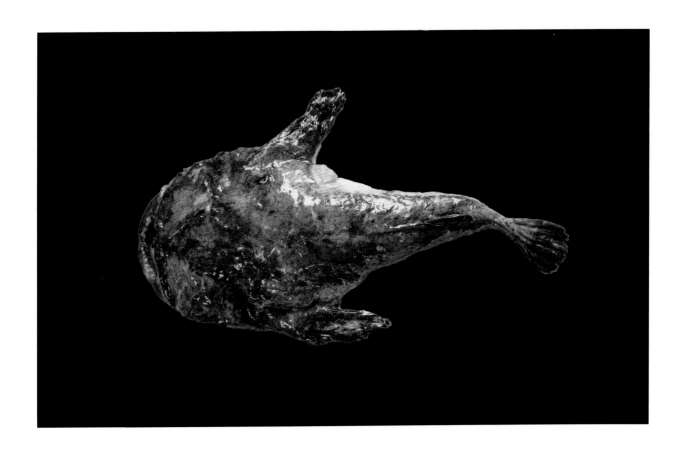

灰鲳
Pampus cinereus (Bloch, 1795)

门	脊索动物门	Chordata
纲	辐鳍鱼纲	Actinopterygii
目	鲈形目	Perciformes
科	鲳科	Stromateidae
属	鲳属	*Pampus*

　　灰鲳，俗称长林和婆仔。体呈菱形，背鳍和臀鳍显著延长，尾鳍分叉，下叶延长；背部青灰色，腹部呈灰色。灰鲳分布于我国沿海和日本、东南亚等地海域，近海洄游性中上层鱼类，平时分散栖息于潮流缓慢的海区，冬季在黄海南部和东海弧形海沟内越冬，栖息水深不超过130 m，喜欢在阴影中群集。成鱼主要以水母、底栖动物和小型鱼类为食，幼鱼主要以小鱼、箭虫和桡足类动物等为食。灰鲳是上等食用鱼类，肉质细润，多脂肪，深受消费者喜爱，经济价值很高。灰鲳平时栖息比较分散，群体小，不适于拖网集中捕捞，仅作为兼捕对象。我国沿海通常采用流网、鲳鱼帘和打洋网等方式捕捞灰鲳成体，利用定置网捕捞幼鱼。

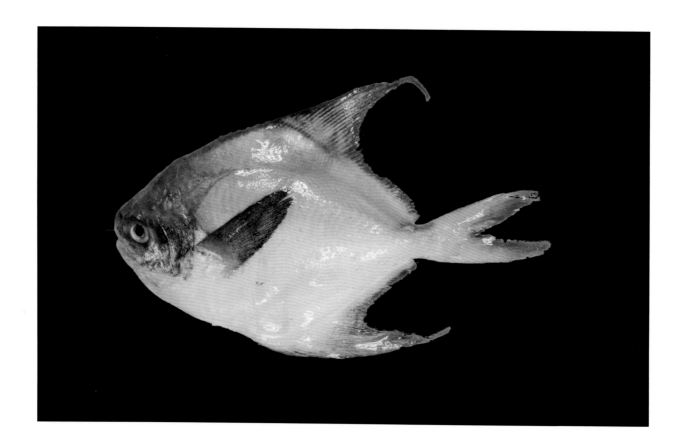

棘头梅童鱼

Collichthys lucidus (Richardson, 1844)

棘头梅童鱼，俗称梅子鱼、小金鳞和大头宝。体延长，侧扁。头大而钝短，吻短钝，眼小，口大，前位。背部浅弧形，腹部平圆，尾柄细长。体背侧灰黄，腹侧金黄色，背鳍鳍部边缘及尾鳍末端黑色。主要分布于中国、菲律宾和日本海域，在我国主要分布于黄海和东海。棘头梅童鱼喜居于河口咸淡水交汇处，适温适盐范围广，为短距离洄游性浅海鱼类。主要摄食小型鱼类和甲壳类，兼食多毛类、桡足类、长尾类和糠虾类动物。此物种是大黄鱼、小黄鱼、带鱼、乌贼等主要经济鱼类的重要饵料。棘头梅童鱼经济价值较高，是重要捕捞对象。东海产量最大，每年4—6月和9—10月为鱼汛旺期。棘头梅童鱼目前已有试验性的人工养殖。

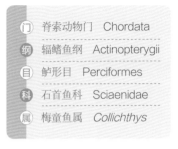

门	脊索动物门	Chordata
纲	辐鳍鱼纲	Actinopterygii
目	鲈形目	Perciformes
科	石首鱼科	Sciaenidae
属	梅童鱼属	*Collichthys*

角木叶鲽

Pleuronichthys cornutus (Temminck & Schlegel, 1846)

门	脊索动物门 Chordata
纲	辐鳍鱼纲 Actinopterygii
目	鲽形目 Pleuronectiformes
科	鲽科 Pleuronectidae
属	木叶鲽属 *Pleuronichthys*

角木叶鲽体近卵圆形，侧扁；眼间隔窄，前后有棘，头体右侧淡黄灰褐色，有许多大小不等、形状不规则的黑褐色斑点；鳍淡黄灰色，具一定数量黑褐色斑点，胸鳍与尾鳍后段附近黑褐色，奇鳍与胸鳍后边缘黄色；体左侧乳白色，偶鳍淡黄色，背、臀鳍外部黑褐色，外缘黄白色；尾鳍后端黑褐色，后缘黄色。暖温性近岸底层鱼类，在日本、朝鲜半岛及我国沿海较为常见，在我国主要分布在渤海、黄海、东海。主要以底栖端足类等甲壳动物为食，在黄海北部也食海葵和多毛类。角木叶鲽通常生活于泥沙质海底地区。角木叶鲽曾经是我国沿海渔民的重要渔获对象，但近些年因受海水污染和富营养化、过度捕捞及产卵场遭到破坏等影响，野生角木叶鲽的资源正在迅速衰退。角木叶鲽营养和经济价值较，具有较为广阔的养殖前景和市场开发潜力。

蓝点马鲛

Scomberomorus niphonius (Cuvier, 1832)

俗称鲅鱼、马鲛和燕尾鲅。体延长，侧扁，背缘和腹缘浅弧形，尾柄细。体背侧蓝黑色，腹部银灰色，沿体侧中央具数列黑色圆形斑点。背鳍黑色，腹鳍、臀鳍黄色，胸鳍浅黄色，边缘黑色，尾鳍灰褐色，边缘黑色。暖温性中上层洄游性鱼类，主要栖息于大陆架的浅水域。广泛分布于日本、朝鲜半岛以及我国渤海、黄海和东海近海水域。肉食性，性情凶猛，游速快，捕食小型鱼类及甲壳类动物。每年4—6月亲体陆续从越冬场进入沿岸河口、港湾、海岛周围水域产卵，孵化后个体滞留产卵场附近水域索饵、育幼。蓝点马鲛肉质结实，味美且营养丰富，经济价值较高，捕捞量在我国所产马鲛属鱼类中占首位，在当今渔业资源严重衰退的情况下，蓝点马鲛是我国少数维持高产的渔获物种。

门	脊索动物门	Chordata
纲	辐鳍鱼纲	Actinopterygii
目	鲈形目	Perciformes
科	鲭科	Scombridae
属	马鲛属·	*Scomberomorus*

鳓

Ilisha elongata [Anonymous (Bennett), 1830]

门	脊索动物门 Chordata
纲	辐鳍鱼纲 Actinopterygii
目	鲱形目 Clupeiformes
科	锯腹鳓科 Pristigasteridae
属	鳓属 *Ilisha*

  又称鲙鱼、白鳞鱼、克鳓鱼、火鳞鱼、曹白鱼、春鱼或黄鲫鱼。体侧扁，背窄，口向上翘成垂直状；全身被银白色薄圆鳞，成体体长约为410 mm，鱼鳞片虽大却很软，煮熟可食。鳓广泛分布在我国渤海、黄海、东海及南海，其中东海产量最大。鳓是暖水性中上层鱼类，对温度比较敏感，喜栖息于沿岸及沿岸水与外海水交汇水域，爱集群。鳓食性广，喜食头足类、长尾类、鱼类、糠虾类、毛颚类、磷虾类及端足类动物。每年5—7月是鳓产卵期，黄东海区捕捞渔场主要分布在黄大洋、岱衢洋、大戢洋、马迹洋以及浙南猫头洋和江苏省吕泗洋等渔场。鳓肉质鲜美，营养丰富，深受沿海居民喜爱，是重要的经济鱼类，是中国渔业史上最早的捕捞对象之一。

龙头鱼

Harpadon nehereus (Hamilton, 1822)

俗称狗母鱼、九肚鱼、虾潺和豆腐鱼。体淡灰色或褐色，具黑色细点；口大，前位，尾鳍叉形，胸鳍及腹鳍大；鱼身只有一条主骨，并且主骨柔软，其余的鱼骨细软如胡须。成体体长约40 cm。龙头鱼广泛分布于我国南海、东海和黄海，以浙江舟山、乐清沿岸水域产量较高。属大陆架中下层鱼类。杂食性鱼类，以小鱼、小虾、底栖动物等为食。近年来，海洋生态环境受到严重破坏，导致传统经济鱼种资源严重衰退，以龙头鱼为代表的次级经济鱼类逐步成为各渔场优势种群。龙头鱼适应性较强，生物量逐年上升，其商业价值和经济价值逐渐被人们发掘和认可。龙头鱼新鲜鱼及干制品"龙头烤"都为沿海居民所喜食。

门	脊索动物门	Chordata
纲	辐鳍鱼纲	Actinopterygii
目	仙女鱼目	Aulopiformes
科	狗母鱼科	Synodontidae
属	龙头鱼属	*Harpadon*

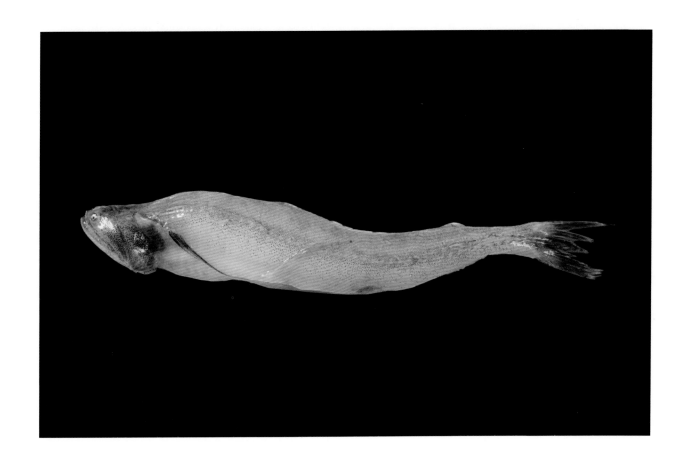

路氏双髻鲨

Sphyrna lewini (Griffith & Smith, 1834)

门	脊索动物门	Chordata
纲	板鳃纲	Elasmobranchii
目	真鲨目	Carcharhiniformes
科	双髻鲨科	Sphyrnidae
属	双髻鲨属	*Sphyrna*

路氏双髻鲨体延长，侧扁而粗壮；头前部平扁，两侧特别扩展，形成较宽锤状突出，状似广阔之丫髻状；吻部短而宽，前缘呈波浪状，中央区显然凹入；口裂大，弧形；体背棕色，腹部白色，胸鳍、尾鳍下叶前部、尾鳍上部尖端具黑斑，背鳍上部具黑缘。路氏双髻鲨广泛分布于太平洋、印度洋和大西洋热带和亚热带沿岸海域，在我国主要分布于南海、东海和黄海，在西沙群岛、南沙群岛和中沙群岛海域是延绳钓作业的常见种类。路氏双髻鲨生性凶猛，肉食性，以其他软、硬骨鱼类及头足类、甲壳类等底栖生物为食。胎生，一次可产下15~31尾幼鲨。路氏双髻鲨具较高经济价值和药用价值，是商业和休闲渔业的重要捕捞对象。路氏双髻鲨已被列入2007年《世界自然保护联盟濒危物种红色名录》。

绿鳍马面鲀

Thamnaconus modestus (Günther, 1877)

俗名橡皮鱼、剥皮鱼、老鼠鱼、猪鱼和皮匠鱼。体侧扁，长椭圆形。体呈蓝灰色，体侧具不规则暗色斑块；第2背鳍、臀鳍、尾鳍和胸鳍绿色，物种故而得名。成体体长12~29 cm，体重约400 g。绿鳍马面鲀分布于朝鲜、日本、印度洋、非洲海域，在我国主要分布于东海、黄海、渤海海域，属于外海近底层鱼类。平常栖息水深50~120 m。食性较杂，主要摄食浮游生物，兼食软体动物、珊瑚和鱼卵。绿鳍马面鲀肉味鲜美，含脂量高、营养丰富且生长迅速，经济价值高，是我国优良的经济海水鱼类，在东海水域的年产量仅次于带鱼，除鲜食外，经深加工制成美味烤鱼片畅销国内外，是重要的出口水产品。绿鳍马面鲀食性杂，生长速度快，适合高密度养殖，具人工养殖技术开发潜力。

门	脊索动物门	Chordata
纲	辐鳍鱼纲	Actinopterygii
目	鲀形目	Tetraodontiformes
科	单角鲀科	Monacanthidae
属	马面鲀属	*Thamnaconus*

矛尾复鰕虎鱼

Synechogobius hasta (Temminck & Schlegel, 1845)

门	脊索动物门 Chordata
纲	辐鳍鱼纲 Actinopterygii
目	鲈形目 Perciformes
科	鰕虎鱼科 Gobiidae
属	复鰕虎鱼属 *Synechogobius*

　　俗称胖头鱼、沙光鱼、海鲇鱼、扔巴鱼、尖巴鱼和尖梭鱼。体延长，前部呈圆柱形，后部侧扁，尾柄细长；头部大而宽，口大，唇厚；体被中等大小栉鳞，尾部鳞较大；体色呈黄褐色或灰褐色，腹面稍淡。分布于北太平洋，在我国分布于黄海、渤海海域。暖温性中小型底层杂食性鱼类，幼鱼捕食小型甲壳类，成鱼主要捕食各种鱼、虾、蟹类，兼食小贝、沙蚕、绿丝藻等动植物。矛尾复鰕虎鱼耐温性和耐盐性极强，由于物种生命周期仅1周年，故又有"海年光"之称。入夏及初秋季节当年生鱼苗多在岸边浅水区索饵育肥，秋季进入加速生长阶段，来年初繁育后代，亲鱼早春4月后死亡。矛尾鰕虎鱼生长较快，肉质鲜嫩，口感润滑，营养丰富，被认为是中国黄渤海地区具有养殖前景的海水肉食性鱼类。

鮸

Miichthys miiuy (Basilewsky, 1855)

俗称米鱼。体侧扁，略延长；口腔内为鲜黄色；上颌外齿为犬齿状，尤以前端2枚最大；软条的基部具数列小圆鳞，占软条高度的1/3；尾柄细长，尾鳍楔形；体色发暗，灰褐带有紫绿色，腹部为白色；形似鲈鱼。鮸主要分布于我国渤海、黄海和东海以及朝鲜半岛和日本南部等海域，属于近海温水性底层鱼类。肉食性，饵料以小鱼及小型底栖无脊椎动物为主。成体体长约为50 cm，重约2 kg；大个体体重达5 kg，体长达80 cm。鮸能以鳔发声，性凶猛，白天下沉，夜间上浮。栖息水深15~75 m，底质为泥或者泥沙区域，产卵季节内鱼群较为集中。鮸是沿海常见的食用经济鱼类。其鳔俗称"鱼肚"，可制鱼胶，具有较高的食用和药用价值。在未来，鮸有望成为网箱养鱼优良鱼种。

门	脊索动物门　Chordata
纲	辐鳍鱼纲　Actinopterygii
目	鲈形目　Perciformes
科	石首鱼科　Sciaenidae
属	鮸属　*Miichthys*

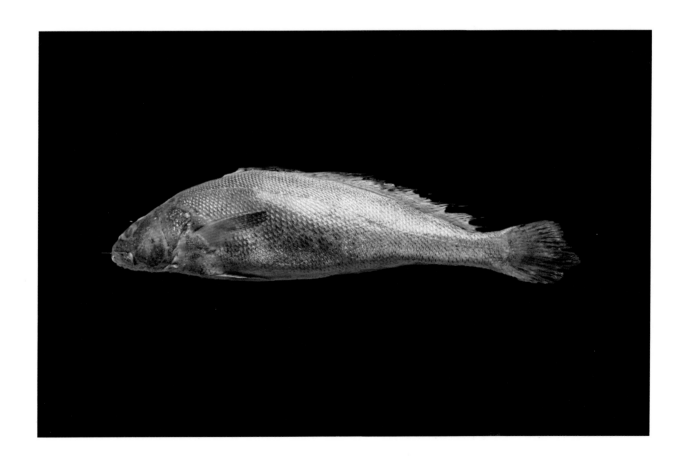

七星底灯鱼

Benthosema pterotum (Alcock, 1890)

门	脊索动物门 Chordata
纲	辐鳍鱼纲 Actinopterygii
目	灯笼鱼目 Myctophiformes
科	灯笼鱼科 Myctophidae
属	底灯鱼属 *Benthosema*

　　又称七星鱼。体较延长，侧扁，背腹缘钝圆，体银灰色。吻甚短，前端圆钝，微突出。口大，口裂略倾斜。七星底灯鱼分布于中国、日本、菲律宾、印度洋、红海。在我国，七星底灯鱼主要分布于东海和黄海南部。七星底灯鱼为海洋暖水性小型发光鱼类。在黎明前密集于海洋表面，属浮游动物食性，桡足类是其最主要的食物类群。长期以来，七星底灯鱼因不能被人类直接利用、经济价值低下而未受到重视。近年来，随着捕捞强度的增加，东海区渔业结构发生显著变化，七星底灯鱼在渔获物中比例不断增加，已在鱼类群落中占据相当重要的位置。七星底灯鱼作为优势鱼种和东海主要鱼类食物竞争对象，其资源和分布现状也受到了学者们的相应关注。

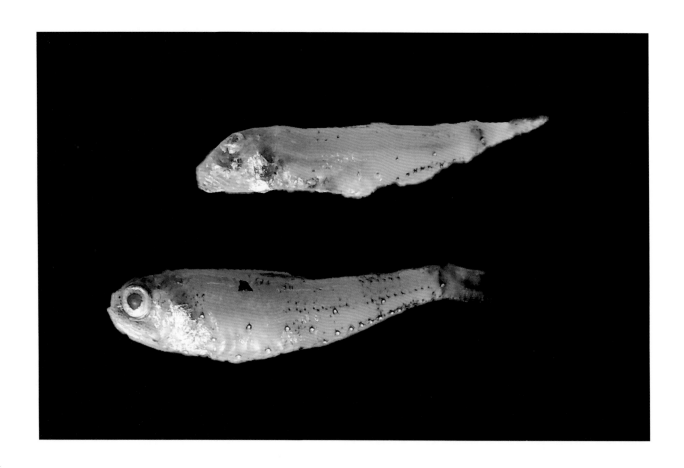

青鳞小沙丁鱼

Sardinella zunasi (Bleeker, 1854)

俗称青皮、柳叶鱼和青鳞鱼。体延长而侧扁，腹部略圆，具棱鳞。脂性眼睑发达，几乎完全覆盖住眼睛。体被细薄圆鳞，极易脱落；鳞片上之垂直条纹不仅多且不中断或上下对应条纹在中央部位重叠。

青鳞小沙丁鱼分布于朝鲜半岛和日本，在中国分布于东海、黄海及渤海。青鳞小沙丁鱼为近海港湾常见中上层小型鱼类。中国东海、黄海内鱼群越冬场位于济州岛和五岛之间水深100 m处，越冬期为1—3月，越冬场底层水温10~13 ℃。主要摄食浮游动物如桡足类、瓣鳃类、短尾类、腹足类幼体等。青鳞小沙丁鱼为重要海洋经济物种，全世界年产量10000~50000 t，鱼汛期在夏秋季之间。多腌渍后出售，体形较小者多用来制造鱼粉。

门	脊索动物门	Chordata
纲	辐鳍鱼纲	Actinopterygii
目	鲱形目	Clupeiformes
科	鲱科	Clupeidae
属	小沙丁鱼属	*Sardinella*

远东海鲂
Zeus faber Linnaeus, 1758

门	脊索动物门	Chordata
纲	辐鳍鱼纲	Actinopterygii
目	海鲂目	Zeiformes
科	海鲂科	Zeidae
属	海鲂属	*Zeus*

远东海鲂头长而高大，侧扁，额部至吻端斜直。体被细小圆鳞，微凹，陷于皮下，不规则排列，头仅颊部具鳞。体暗灰色，体侧中部侧线下方具黑色椭圆斑，外绕一白环，背、臀鳍棘部鳍膜与尾鳍鳍膜淡黑色，腹鳍鳍条部黑色。体形较大，成体体长约300 mm，大个体体长达500 mm。

远东海鲂全球性广布，主要分布于太平洋、大西洋和印度洋，在我国分布于南海、东海与黄海。远东海鲂属近底层鱼类，通常独居，主要以群游性硬骨鱼类为食，偶尔捕食头足类动物与甲壳动物。一般4年达到成熟。栖息于100~800 m水深的大陆架斜坡及海沟周围泥沙质地带。冬至春季产卵。远东海鲂从20世纪50年代开始成为重要的渔业捕捞对象。

日本鳀

Engraulis japonicus Temminck & Schlegel, 1846

俗称鲅鱼食、离水烂和海蜒。体细长，无侧线，腹部圆形，无棱鳞；头大，吻钝圆，口裂大，上颌长于下颌；尾鳍叉形。

日本鳀广泛分布于我国东海、黄海，以及日本海、日本九州岛西部近海、濑户内海和日本群岛近海，物种的产卵场几乎遍及各沿海岛屿及邻近海域。日本鳀属中上层鱼类，趋光性较强，幼鱼更为明显。小型鱼，产卵鱼群体长为75~140 mm，体重5~20 g。日本鳀作为主要饵料鱼种在海洋生态系统中起重要作用，为高资源量的小型中上层鱼类。日本鳀是一种高蛋白、高脂肪的低殖鱼类，肉质鲜美细嫩，含有丰富的酶，具有较高的经济价值和营养价值，适合鲜食或盐干。

门	脊索动物门 Chordata
纲	辐鳍鱼纲 Actinopterygii
目	鲱形目 Clupeiformes
科	鳀科 Engraulidae
属	鳀属 *Engraulis*

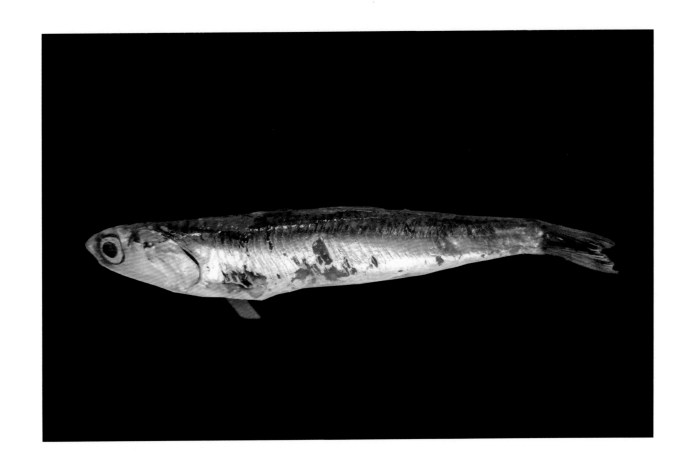

日本绯鲤
Upeneus japonicus (Houttuyn, 1782)

门	脊索动物门	Chordata
纲	辐鳍鱼纲	Actinopterygii
目	鲈形目	Perciformes
科	羊鱼科	Mullidae
属	绯鲤属	*Upeneus*

俗称朱笔、红鱼、蜡烛油和三条。下颌缝合处有1对长须。上下颌、犁骨及腭骨均有绒毛状牙。眼前部被鳞。体被栉鳞，鳞薄而易脱落。头部至体背侧土褐色至淡黄褐色，腹侧灰黄色，腹部近白色。各鳍透明，背鳍软条部具不甚明显的黑色斑点。

胸部基部无黑斑。暖水性底层小型鱼类，栖息于水深20~40 m的泥或泥沙底质海区。成体体长通常为75~130 mm。世界范围内分布于印度洋、太平洋。在我国主要分布于南海、东海和黄海，以南海沿岸数量较多。肉质较好，具有虾味，可鲜食或制成干品。

大黄鱼
Larimichthys crocea (Richardson, 1846)

又名大王鱼、黄金龙和黄瓜鱼。头较大，体延长，侧扁，尾柄细长。体背面黄褐色，腹面金黄色，成体体长40~50 cm。

大黄鱼为暖水性近海集群性洄游鱼类，分布于黄海中部以南至琼州海峡以东的中国大陆近海及朝鲜半岛西海岸，主要栖息于80 m以内的沿岸和近海水域的中下层。大黄鱼因肉质细腻，味道鲜美，具有较高的经济价值和食用价值，与小黄鱼、带鱼、乌贼并称为我国近海传统"四大海产"。近年来，大黄鱼野生资源近乎枯竭，但人工养殖发展迅速。大黄鱼养殖产量现已位居我国海水养殖鱼类第1位，2018年全国养殖总产量达177.6 kt，养殖地多集中于浙江、福建等地。"十三五"以来，大黄鱼被列为我国八大优势出口养殖水产品之一。

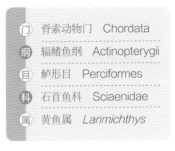

门	脊索动物门	Chordata
纲	辐鳍鱼纲	Actinopterygii
目	鲈形目	Perciformes
科	石首鱼科	Sciaenidae
属	黄鱼属	*Larimichthys*

小黄鱼

Larimichthys polyactis (Bleeker, 1877)

门	脊索动物门 Chordata
纲	辐鳍鱼纲 Actinopterygii
目	鲈形目 Perciformes
科	石首鱼科 Sciaenidae
属	黄鱼属 *Larimichthys*

又名小鲜、大眼、古鱼、黄鳞鱼、金龙和厚鳞仔。体形似大黄鱼，但头较长，眼较小，鳞片较大，尾柄短而宽。成体体长约20 cm，大个体体长达40 cm；体背灰褐色，腹部金黄色。

小黄鱼广泛分布于中国渤海、黄海和东海以及朝鲜半岛西岸海域，属于暖温性底层鱼类，也是我国重要的海洋渔业经济种类。小黄鱼为近海底层集群性洄游鱼类，栖息于泥质或泥沙质海区。产卵场在沿岸海区水深10~25 m，越冬场一般为40~80 m，鱼群具明显的垂直移动现象。小黄鱼、大黄鱼、带鱼和乌贼并称为我国近海传统四大海产，是中国、日本和韩国的主要捕捞对象。近些年来由于环境恶化和过度捕捞等原因，小黄鱼的自然资源出现衰退，其人工养殖已成为满足水产品需求的重要途径。

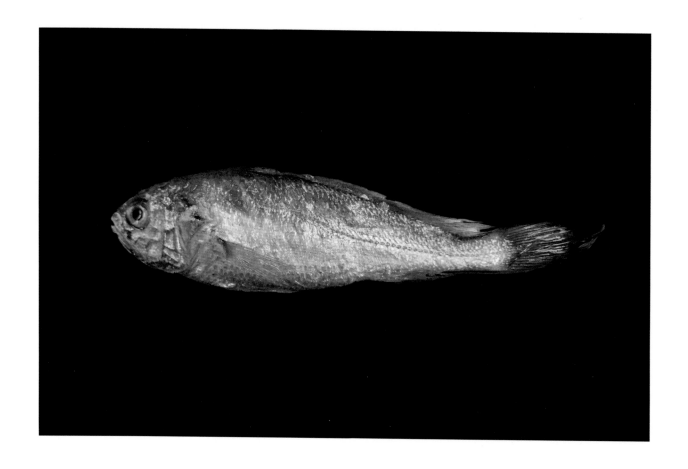

银鲳
Pampus argenteus (Euphrasen, 1788)

又称镜鱼、长林、车片鱼、鲳鱼、草鲳。体形侧偏，卵圆形，银灰色；头小，吻圆，头胸相连明显，口、眼均小；体被细小圆鳞，颜色银白，故称银鲳。

银鲳分布于印度洋、太平洋，为中国近海的常见鱼类，东海、南海与黄渤海较多。海洋洄游性鱼类，生活于5~110 m海域，幼鱼喜躲藏在漂浮物下面，成鱼则常与金线鱼、鳁鱼或对虾等混栖。银鲳为肉食性鱼类，食物以水母及浮游动物为主。银鲳是近海机动渔船捕捞的对象，产量较高，市场供应目前主要依靠海洋捕捞，但由于过度捕捞和海洋污染导致银鲳供不应求，而且出现其群体小型化和低龄化现象。银鲳目前在南海大量人工养殖。

门	脊索动物门　Chordata
纲	辐鳍鱼纲　Actinopterygii
目	鲈形目　Perciformes
科	鲳科　Stromateidae
属	鲳属　*Pampus*

银姑鱼

Pennahia argentata (Houttuyn, 1782)

门	脊索动物门	Chordata
纲	辐鳍鱼纲	Actinopterygii
目	鲈形目	Perciformes
科	石首鱼科	Sciaenidae
属	白姑鱼属	*Pennahia*

　　亦称白姑鱼、白姑子、白米子。其体延长，侧扁，背、腹缘略呈弧形。头钝尖，口裂大，端位，倾斜，吻不突出。耳石为白姑鱼型，即三角形，腹面蝌蚪形印迹之"尾区"呈"T"形，末端仅弯向耳石外缘。银姑鱼为暖温性近底层鱼类，一般栖息于水深40~100 m泥沙底海区。有明显季节洄游习性，春季因生殖集群游向近岸产卵场。其食性较杂，主要摄食底栖动物及小型鱼类，如长尾类和短尾类虾蟹，以及脊尾白虾、日本鼓虾、鲜明鼓虾、小蟹等。主要分布于印度洋和太平洋，在中国分布于渤海、黄海、东海、南海。目前被列入《世界自然保护联盟濒危物种红色名录》。

横带髭鲷

Hapalogenys mucronatus (Eydoux & Souleyet, 1850)

俗称十六枚、海猴和黑鳍髭鲷等。体呈椭圆形，侧扁而高，背部较狭。呈凸棱状。前鳃盖骨边缘具锯齿。体被细栉鳞，下颌前部密生小髭。背鳍鳍棘部与鳍条部在基部相连。臀鳍与背鳍鳍条部相对。胸鳍位低。腹鳍位于胸鳍基下方，尾鳍圆形。体灰褐色，体侧有3条黑色斜行宽带。背鳍鳍棘部与腹鳍边缘黑色。

横带髭鲷主要分布于北太平洋西部，在我国沿海及朝鲜半岛、日本和菲律宾海域均有分布。横带髭鲷为暖温性中下层鱼类，喜集群，栖息于多岩礁海区，以底栖甲壳类、鱼类及贝类等为食。其肉质鲜美，体色艳丽，既是港澳台、日本和东南亚地区较为畅销的食用鱼类，也是人们喜爱的海水观赏鱼类。

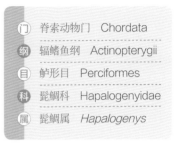

门	脊索动物门 Chordata
纲	辐鳍鱼纲 Actinopterygii
目	鲈形目 Perciformes
科	髭鲷科 Hapalogenyidae
属	髭鲷属 *Hapalogenys*

光魟

Dasyatis laevigata Chu, 1960

门	脊索动物门	Chordata
纲	板鳃纲	Elasmobranchii
目	鲼形目	Myliobatiformes
科	魟科	Dasyatidae
属	魟属	*Dasyatis*

俗称黄鲼、滑子鱼和土鱼等。体盘亚斜方形，背腹面均光滑，无结刺。吻前缘中央尖突。口底中部具乳突3个。牙小，铺石状排列。腹鳍近长方形。尾后半部细长如鞭，具1强刺。尾上、下缘具皮膜。

光魟分布于北太平洋西部。在我国黄海、东海沿海海域及台湾岛沿岸海域偶见。光魟为暖温性近海底层鱼类，栖息于近海沙底质水域底层。游动较缓慢，游泳靠胸鳍波动。主要食物为甲壳类、底栖贝类。光魟肉味鲜美，可鲜食，亦可加工咸干品。刺毒、肉、肝可入药。

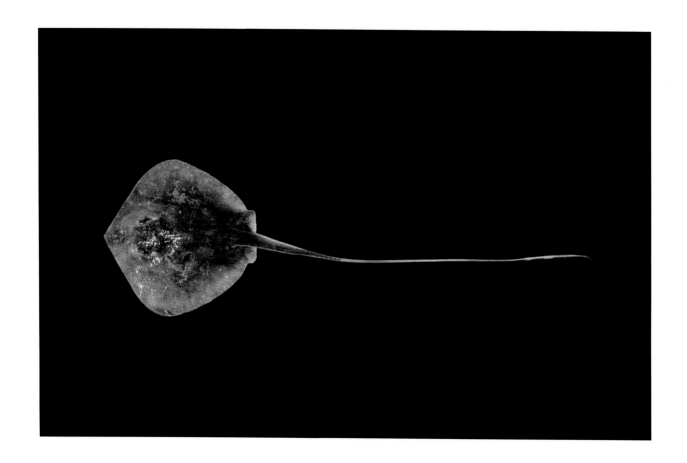

单指虎鲉
Minous monodactylus (Bloch & Schneider, 1801)

体长椭圆形，侧扁。眼后顶骨部有1横行凹沟；额骨、顶骨及翼耳骨上有多数小瘤状突起；眼眶上有少数小皮瓣。眶前骨二棘，前棘短，后棘长而直接向后。胸鳍最下方有1游离但不分支之软条。体色多变化，一般暗红色，腹部白色；背侧有不规则之褐色斑点与条纹，背鳍各棘上端黑色，胸鳍黑色，内面单一色。

单指虎鲉分布于印度洋和太平洋。在我国沿海各地均有分布。单指虎鲉为暖水性海洋鱼类，栖息于近海底层，以甲壳动物等为食。除学术研究及水族观赏外，偶有人食用。

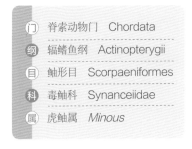

门	脊索动物门	Chordata
纲	辐鳍鱼纲	Actinopterygii
目	鲉形目	Scorpaeniformes
科	毒鲉科	Synanceiidae
属	虎鲉属	*Minous*

黄鳍东方鲀

Takifugu xanthopterus (Temminck & Schlegel, 1850)

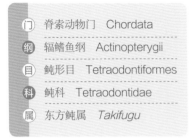

门	脊索动物门	Chordata
纲	辐鳍鱼纲	Actinopterygii
目	鲀形目	Tetraodontiformes
科	鲀科	Tetraodontidae
属	东方鲀属	*Takifugu*

俗称黄鳍多纪鲀、乖鱼和花河豚等。体亚圆筒形，稍侧扁，体前部粗圆，向后渐细，尾柄长圆锥状。背鳍近似镰刀形，位于体后部；无腹鳍；胸鳍宽短，尾鳍宽大，体侧具多条蓝黑色斜行宽带，无胸斑，各鳍橘黄色。

黄鳍东方鲀分布于中国、朝鲜半岛和日本相模湾以南的太平洋沿岸。在中国分布于渤海、黄海、东海和南海，黄鳍东方鲀为暖温水性近海底层中大型鱼类，喜集群，亦进入江河口，长江口见之于崇明东滩以及近海区水域。幼鱼栖息于咸淡水中。主要以虾、蟹、贝类、头足类、棘皮动物和小型鱼类为食。黄鳍东方鲀在长江口舟山渔场有一定产量，具一定经济价值。

铅点东方鲀

Takifugu alboplumbeus (Richardson, 1845)

俗称河豚、廷巴。体延长，近圆柱形，稍平扁，前部粗大，后部渐细稍侧扁。头中大，宽而圆，吻端圆钝。尾柄较粗，胸鳍短宽，鳍条上部稍长。无腹鳍。臀鳍与背鳍同形同大，尾鳍截形，后缘微凸。体无鳞。体背、腹面及两侧均有小刺，侧线发达，前端有分支。体背部黄褐色，无胸斑，各鳍均呈浅黄色。

铅点东方鲀分布于印度洋北部沿岸，东至印度尼西亚、朝鲜及中国。在我国南海、东海、黄海、渤海等海域均有分布。铅点东方鲀为暖温性近海底层鱼类，栖息于近海及江河口附近水域底层，主要食物为小型鱼类、甲壳类、底栖贝类。其卵巢和肝脏有剧毒，精巢、皮肤、肠和肌肉亦有毒，具有一定的药用价值。

门	脊索动物门	Chordata
纲	辐鳍鱼纲	Actinopterygii
目	鲀形目	Tetraodontiformes
科	鲀科	Tetraodontidae
属	东方鲀属	Takifugu

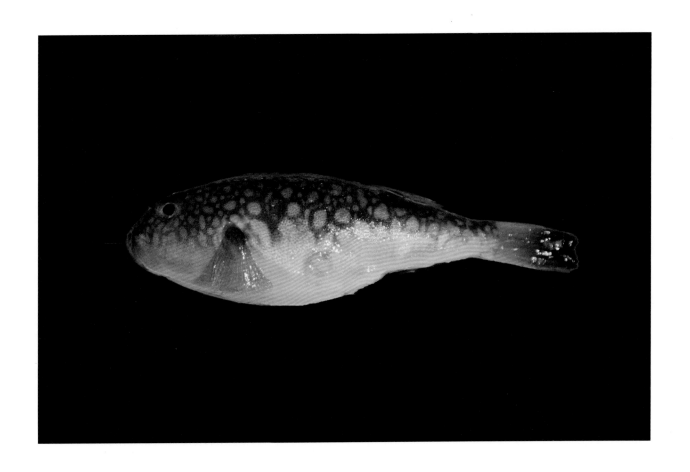

皮氏叫姑鱼
Johnius belangerii (Cuvier, 1830)

门	脊索动物门 Chordata
纲	辐鳍鱼纲 Actinopterygii
目	鲈形目 Perciformes
科	石首鱼科 Sciaenidae
属	叫姑鱼属 *Johnius*

俗称小白鱼、小叫姑。体形长，侧扁，前背似锐棱状。吻圆突；除吻端、颊部及喉部为圆鳞，体表其余部位皆被栉鳞；背鳍软条部、臀鳍及尾鳍布满小圆鳞。尾鳍呈尖楔状。背侧淡灰，下侧银白。

皮氏叫姑鱼为暖温性近岸中下层小型鱼类，在印度洋至西太平洋，西起波斯湾、东至澳大利亚北部海域均有分布。在我国分布于渤海、黄海、东海、南海。皮氏叫姑鱼喜栖息于泥沙底以及岩礁附近海区，产卵时能发出"咕咕"的叫声。肉食性，主要以桡足类、多毛类、细螯虾、小眼端足类、小鱼为食。

纹缟鰕虎鱼
Tridentiger trigonocephalus (Gill, 1859)

纹缟鰕虎鱼体形长，粗壮，前部近圆柱状，后部侧扁。头宽大，略平扁。口略大，稍斜，两颌约等长。舌前端圆形。头部无触须。鳃盖膜连于颊部。鳃耙短而钝尖。体被中大栉鳞，颊部与鳃盖无鳞，项部被小鳞。无侧线。两背鳍分离。胸鳍宽圆。腹鳍愈合。尾鳍后缘圆形。体黄褐或灰褐色。

纹缟鰕虎鱼为暖温水性近岸小型鱼类，为我国沿海一带常见种，栖息于潮间带，退潮水洼中常可见到。在我国分布于由黑龙江河口向南到中国南部沿海。肉食性，以小仔鱼、钩虾、桡足类动物及其他水生昆虫为食。

门	脊索动物门 Chordata
纲	辐鳍鱼纲 Actinopterygii
目	鲈形目 Perciformes
科	鰕虎鱼科 Gobiidae
属	缟鰕虎鱼属 *Tridentiger*

白额燕鸥
Sternula albifrons (Pallas, 1764)

门	脊索动物门 Chordata
纲	鸟纲 Aves
目	鸻形目 Charadriiformes
科	鸥科 Laridae
属	燕鸥属 *Sternula*

　　白额燕鸥为中国常见的夏季繁殖鸟，体长22~27 cm，体重55~60 g。夏羽头顶、颈背及贯眼纹黑色，额白。冬羽头顶及颈背地黑色减少至月牙形。幼鸟头顶部褐白斑驳，后枕黑褐色，上体灰色，因各羽具有褐色羽缘或大片褐色而使上体缀有褐色横斑和皮黄色或白色羽缘，尾较短，白色，端部褐色。

　　栖居于沿海沙滩、海岸、岛屿、内陆水域附近的草丛、苇丛及灌木丛中。常集群活动，以鱼虾、水生昆虫、水生无脊椎动物为主食。广泛繁殖于我国大部地区，从东北至西南及华南沿海和海南岛均有。在国外于欧洲、亚洲、非洲和大洋洲均有分布。

黑尾鸥
Larus crassirostris Vieillot, 1818

黑尾鸥，中型水鸟，体长43~51 cm。夏羽两性相似。头、颈、腰和尾上覆羽以及整个下体全为白色；背和两翅暗灰色。翅上初级覆羽黑色，其余覆羽暗灰色，大覆羽具灰白色先端。冬羽和夏羽相似，但头顶至后颈有灰褐色斑。常成群活动，聚集于沿海渔场，在海面上空飞行觅食，以捕食上层鱼类为主。

主要栖息于中国沿海海岸沙滩、悬岩、草地以及邻近的湖泊、河流和沼泽地带。通常营巢于人迹罕至的海岸悬崖峭壁的岩石平台上，也营巢于海边小岛和海岸附近内陆湖泊和沼泽地中的土丘上。

门	脊索动物门	Chordata
纲	鸟纲	Aves
目	鸻形目	Charadriiformes
科	鸥科	Laridae
属	鸥属	*Larus*

黑嘴鸥

Larus saundersi (Swinhoe, 1871)

门	脊索动物门 Chordata
纲	鸟纲 Aves
目	鸻形目 Charadriiformes
科	鸥科 Laridae
属	鸥属 *Larus*

黑嘴鸥，中型水鸟，体长31~39 cm。嘴黑色，脚红色。夏羽头黑色，眼上和眼下具白色星月形斑，在黑色的头上极为醒目。颈、腰、尾上覆羽、尾和下体白色。初级飞羽末端具黑色斑点。翼下仅部分初级飞羽黑色，与整个翼下表面和下体白色形成鲜明对比。冬羽和夏羽相似，但头白色，头顶有淡褐色斑，耳区有黑色斑点。常成小群活动，多出入于开阔的海边盐碱地和沼泽地上，特别是生长有矮小盐碱植物的泥质滩涂。

在中国主要分布于辽宁南部盘锦、河北、山东渤海湾沿岸以及江苏东台沿海等东部沿海地区（繁殖地），越冬分布于南部沿海。

灰背鸥

Larus schistisagus Stejneger, 1884

灰背鸥，大型水鸟，体长62~69 cm。雌雄鸟体色相似。成鸟夏羽头、颈部及腹面均白色，背部灰黑色。冬羽头、颈灰白色，各羽均具有棕褐色的羽干纹，背面自肩、背至尾上覆羽。嘴直，黄色，下嘴先端有红色斑。脚粉红色，头、颈和下体白色，背、肩和翅黑灰色，腰、尾上覆羽和尾白色。飞翔时翅前后缘白色，初级飞羽黑色，末端具白斑。栖于海岸的岩礁、海湾、港口和渔场。以小鱼、虾、螺、蛤类为食。

在中国主要为冬候鸟，秋季于9—10月迁入越冬，分布于中国辽宁南部、山东威海和烟台、福建、广东、香港、台湾。翌年3—4月离开。

门	脊索动物门 Chordata
纲	鸟纲 Aves
目	鸻形目 Charadriiformes
科	鸥科 Laridae
属	鸥属 *Larus*

西伯利亚银鸥

Larus vegae Palmén, 1887

门	脊索动物门 Chordata
纲	鸟纲 Aves
目	鸻形目 Charadriiformes
科	鸥科 Laridae
属	鸥属 *Larus*

　　西伯利亚银鸥，大型水鸟，体长55~73 cm，体重约1100 g，貌似凶狠的浅灰色鸥；雌雄同色；在冬季，头及颈背具深色纵纹，并及胸部；浅色的初级飞羽及次级飞羽内边与白色翼下覆羽对比不明显；虹膜浅黄至偏褐；嘴黄色，上具红点；腿脚粉红。主要栖息于港湾、岛屿和近海沿岸以及江河湖泊（沼泽、河边湖畔的草丛及灌木丛）地带，以小鱼、虾、甲壳类、昆虫等小型动物为食。

　　西伯利亚银鸥主要分布于北美洲和东亚地区；越冬于亚洲的南方地区。在我国沿海均有发现。

灰斑鸻

Pluvialis squatarola (Linnaeus, 1758)

灰斑鸻又名灰鸻，小型涉禽，成鸟额白色或灰白色；头顶淡黑褐至黑褐色，羽端浅白；后颈灰褐；背、腰浅黑褐至黑褐色，羽端白色；尾上覆羽和尾羽白色具黑褐色横斑；尾上覆羽横斑较疏，尾羽横斑较密；嘴峰长度与头等长，端部稍微隆起。翅尖形；中趾最长，后趾形小或退化；尾形短圆。是迁徙性鸟类，具有极强的飞行能力。通常沿海岸线、河道迁徙。生活环境多与湿地有关，离不开水。栖息于海滨、岛屿、河滩、湖泊、池塘、沼泽、水田、盐湖等湿地之中。

在我国为旅鸟或冬候鸟，广泛分布于南北沿海及内陆地区。

门	脊索动物门	Chordata
纲	鸟纲	Aves
目	鸻形目	Charadriiformes
科	鸻科	Charadriidae
属	鸻属	*Pluvialis*

蛎鹬

Haematopus ostralegus Linnaeus, 1758

门	脊索动物门 Chordata
纲	鸟纲 Aves
目	鸻形目 Charadriiformes
科	蛎鹬科 Charadriidae
属	蛎鹬属 *Haematopus*

蛎鹬，中型涉禽，体羽以纯黑色或黑、白两色为主，头、颈、上胸、上背和肩黑色，泛亮光。下背、腰、尾上覆羽和尾羽基部白色；尾羽余部黑色。胸以下，包括腹部及其两侧和尾下白色。体形浑圆，脚短粗。嘴形特别，较长而强，嘴通常是红色或橘红色。鼻孔线状，鼻沟长度达上嘴一半。脚粉红色，足仅具前3趾，后趾退化。平时栖息在海岸、沼泽、河口三角洲。大多数单个活动，有时结成小群在海滩上觅食软体动物、甲壳类或蠕虫。

在我国沿海均有分布，广泛分布于温带和热带地区的沿海。

三趾鹬

Calidris alba (Pallas, 1764)

　　三趾鹬又名三趾滨鹬，体长约20 cm，是一种近灰色的涉禽。夏羽额基、颏和喉白色，头的余部、颈和上胸深栗红色，具黑褐色纵纹。下胸、腹和翅下覆羽白色。翕、肩和三级飞羽主要为黑色，具棕包和灰色羽缘和白色"V"形斑及白色尖端。冬羽头顶、枕、翕、肩和三级飞羽淡灰白色。前额和眼先白色。下体白色，胸侧缀有灰色。翅上小覆羽黑色，形成显著的黑色纵纹。

　　主要栖息于海岸、河口沙洲以及海边沼泽地带，以甲壳类、软体动物、蚊类和其他昆虫幼虫、蜘蛛等小型无脊椎动物为食。在我国主要为旅鸟，部分冬候鸟。秋季迁来和经过我国的时间为9—10月。春季离开中国的时间在4—5月。

门	脊索动物门　Chordata
纲	鸟纲　Aves
目	鸻形目　Charadriiformes
科	鹬科　Scolopacidae
属	三趾鹬属　*Calidris*

[1]　Ahyong Shane T., Chan Tin-Yam, and Liao Yun-Chin. A catalog of the mantis shrimps (Stomatopoda) of Taiwan [M]. Keelung: National Taiwan Ocean University Press, 2008.

[2]　Anderson T. H., Taylor G. T. Nutrient pulses, plankton blooms, and seasonal hypoxia in western Long Island Sound [J]. Estuaries, 2001, 24 (2): 228-243.

[3]　Chu Yanling, Gong Lin, Li Xinzheng. *Leucosolenia qingdaoensis* sp. nov. (Porifera, Calcarea, Calcaronea, Leucosolenida, Leucosoleniidae), a new species from China [J]. ZooKeys, 2020, 906 (98): 1-11.

[4]　Costanza R, Agre R, Groot R, et al. The value of the world's ecosystem and natural capital [J]. Nature, 1997, 387: 253~260.

[5]　Dai Minhan, Guo Xianghui, Zhai Weidong, Yuan Liangying, Wang Bengwang, Wang Lifang, Cai Pinghe, Tang Tiantian, Cai Wei-Jun. Oxygen depletion in the upper reach of the Pearl River estuary during a winter drought [J]. Marine Chemistry, 2006, 102 (1-2): 159-169.

[6]　Derraik J. G. B. The pollution of the marine environment by plastic debris: a review [J]. Marine Pollution Bulletin, 2002. 44 (9): 842-852.

[7]　Diaz R. J., Rosenberg R. Marine benthic hypoxia: A review of its ecological effects and the behavioural responses of benthic macrofauna [J]. In: Ansell, A.D., Gibson, R.N., Barnes, M. (Eds.): Oceanography and Marine Biology - an Annual Review, 1995, 33: 245-303.

[8]　Heo Jun-Haeng, Shin So-Yeon, Lee Chang-Mok, Kim Young-Hyo. A new record of the cosmopolitan species *Caprella mutica* (Crustacea: Amphipoda: Caprellidae) from Korean waters, with comparison to *Caprella acanthogaster* [J]. Animal Systematics, Evolution and Diversity, 2020, 36 (2): 185-191.

[9]　Hirsch T. Global Biodiversity Outlook 3: Supplement [M]. United Nations Publications, 2011.

[10]　Kim Jung Nyun, Choi Jung Hwa, Oh Taeg Yun, Choi Kwang Ho and Lee Dong Woo. A New Record of Pandalid Shrimp *Procletes levicarina* (Crustacea: Decapoda: Caridea) from Korean Waters [J]. Fisheries and Aquatic Sciences, 2011, 14 (4): 399-401.

[11]　Millennium Ecosystem Assessment Synthesis. Millennium ecosystem assessment synthesis report [M]. Millennium Ecosystem Assessment, 2005.

[12] Song Ji-Hun, Kim Min-Seop, Min Gi-Sik. First Record of *Cleantioides planicauda* (Crustacea: Isopoda: Holognathidae) from South Korea [J]. Animal Systematics, Evolution and Diversity, 2014, 30 (1): 26-32.

[13] Sun Xiaoxia, Li Qingjie, Shi Yongqiang, Zhao Yongfang, Zheng Shan, Liang Junhua, Liu Tao, Tian Ziyang. Characteristics and retention of microplastics in the digestive tracts of fish from the Yellow Sea [J]. Environmental Pollution, 2019, 249: 878-885.

[14] Sun Xiaoxia, Liang Junhua, Zhu Mingliang, Zhao Yongfang, Zhang Bo. Microplastics in seawater and zooplankton from the Yellow Sea [J]. Environmental Pollution, 2018, 242: 585-595.

[15] Takahashi Tomohiro, Goshima Seiji. The growth, reproduction and body color pattern of Cleantiellaisopu (sIsopoda: Valvifera) in Hakodate Bay, Japan [J]. Crusracean Research, 2012, 41: 1-10.

[16] Wang J., Wang M. X., Ru S. G., Liu X. S. High levels of microplastic pollution in the sediments and benthic organisms of the South Yellow Sea, China [J]. Science of the Total Environment, 2019, 651: 1661-1669.

[17] Yang Hong-Yan, Chen Bing, Barter Mark, Piersma Theunis, Zhou Chun-Fa, Li Feng-Shan, Zhang Zheng-Wang. Impacts of tidal land reclamation in Bohai Bay, China: ongoing losses of critical Yellow Sea waterbird staging and wintering sites [J]. Bird Conservation International, 2011, 21 (3): 241-259.

[18] Zhang X, Sun L, Yuan J, Sun Y, Gao Y, Zhang L, et al. The sea cucumber genome provides insights into morphological evolution and visceral regeneration [J]. PLoS Biol, 2017, 15 (10): e2003790. https://doi.org/10.1371/journal.pbio.2003790.

[19] 曹宇峰，林春梅，余麒祥，等. 简谈围填海工程对海洋生态环境的影响[J]. 海洋开发与管理，2015，32（06）：85-88.

[20] 陈勤思，胡松. 中国近海沿岸海洋溢油事故研究[J]. 海洋开发与管理，2020，37（12）：49-53.

[21] 陈尚，张朝晖，马艳，等. 我国海洋生态系统服务功能及其价值评估研究计划[J]. 地球科学进展，2006，21（11）：1127-1133.

[22] 戴爱云，杨思谅，宋玉枝，等. 中国海洋蟹类[M]. 北京：海洋出版社，1986.

[23] 狄乾斌，韩增林. 大连市围填海活动的影响及对策研究[J]. 海洋开发与管理，2008（10）：122-126.

[24] 丁峰元，严利平，李圣法，等. 水母暴发的主要影响因素[J]. 海洋科学，2006（09）：79-83.

[25] 冯剑丰，李宇，朱琳. 生态系统功能与生态系统服务的概念辨析[J]. 生态环境学报，

2009, 18 (4): 1599-1603.

[26] 高振会, 杨东方, 刘娜娜. 胶州湾及邻近海域的溢油风险及应急体系 [J]. 海洋开发与管理, 2009, 26 (11): 88-91.

[27] 高尚武, 洪惠馨, 张士美. 中国动物志: 刺胞动物门 [M]. 北京: 科学出版社, 2002.

[28] 国峰, 周鹏, 李志恩, 等. 2011年东中国海沿岸海域海洋垃圾分布、组成与来源分析 [J]. 海洋湖沼通报, 2014 (03): 193-200.

[29] 龚琳, 李新正. 黄海一种寄居蟹海绵宽皮海绵的记述 [J]. 广西科学, 2015 (5): 564-567.

[30] 韩永望, 李健, 陈萍, 等. 强壮藻钩虾食性分析及其对温度、盐度变化的响应 [J]. 渔业科学进展, 2012, 33 (6): 53-58.

[31] 贺仕昌, 张远辉, 陈立奇, 等. 海洋酸化研究进展 [J]. 海洋科学, 2014, 38 (06): 85-93.

[32] 吉樱, 喻江山, 陈晨. 海洋渔业过度捕捞原因探讨 [J]. 中国科技信息, 2012, (06): 35-53.

[33] 江旷, 陈小南, 鲍毅新, 等. 互花米草入侵对大型底栖动物群落垂直结构的影响 [J]. 生态学报, 2016, 36 (02): 535-544.

[34] 蒋维, 陈惠莲, 刘瑞玉. 中国海倒颚蟹属 (甲壳动物亚门: 十足目: 豆蟹科) 两新记录种 [J]. 海洋与湖沼, 2007, 38 (1): 77-83.

[35] 孔凡洲, 姜鹏, 魏传杰, 等. 2017年春、夏季黄海35°N共发的绿潮、金潮和赤潮 [J]. 海洋与湖沼, 2018, 49 (05): 1021-1030.

[36] 寇琦, 李新正, 徐勇, 等. 南海大型底栖动物生态学 [M]. 北京: 科学出版社, 2023.

[37] 李宝泉, 李新正, 陈琳琳, 等. 中国海岸带大型底栖动物资源 [M]. 北京: 科学出版社, 2019.

[38] 李大雁, 黄沈发, 叶春梅, 等. 石油污染对海洋生态系统影响的研究进展 [J]. 上海环境科学, 2020, 39 (04): 149-156.

[39] 李建生, 凌建忠, 程家骅. 东、黄海沙海蜇暴发对游泳动物群落结构的影响 [J]. 海洋渔业, 2015, 37 (03): 208-214.

[40] 李庆洁, 郑珊, 朱明亮, 等. 经济鱼类大菱鲆幼鱼对微塑料的摄食研究 [J]. 环境保护, 2020, 48 (23): 40-46.

[41] 李新正. 我国海洋大型底栖生物多样性研究及展望: 以黄海为例 [J]. 生物多样性, 2011, 19 (6): 676-684.

[42] 李新正, 董栋, 马林, 等. 中国常见海洋生物原色图典－节肢动物 [M]. 青岛: 中国海

洋大学出版社，2020.

［43］ 李新正，甘志彬.中国近海底栖动物分类体系[M].北京：科学出版社，2022.

［44］ 李新正，甘志彬.中国近海底栖生物常见种名录[M].北京：科学出版社，2022.

［45］ 李新正，刘录三，李宝泉，等.中国海洋大型底栖生物：研究与实践[M].北京：海洋出版社，2010.

［46］ 李新正，刘瑞玉，梁象秋.中国动物志：甲壳动物亚门[M].北京：科学出版社，2007.

［47］ 李新正，王洪法，王少青，等.胶州湾大型底栖生物鉴定图谱[M].北京：科学出版社，2016.

［48］ 李新正，王金宝，寇琦，等.渤海底栖生物，见：//孙松（主编）.中国区域海洋学——生物海洋学[M].北京：海洋出版社.2012.

［49］ 李荣冠.中国海陆架及邻近海域大型底栖生物[M].北京：海洋出版社，2003.

［50］ 李雪丁.福建沿海近10a赤潮基本特征分析[J].环境科学，2012，33（07）：2210-2216.

［51］ 廖玉麟.中国动物志：棘皮动物门[M].北京：科学出版社，1997.

［52］ 廖玉麟.中国动物志：棘皮动物门[M].北京：科学出版社，2004.

［53］ 刘瑞玉.中国北部的经济虾类[M].北京：科学出版社，1955.

［54］ 刘瑞玉.关于我国海洋生物资源的可持续利用[J].科技导报，2004（11）：28-31.

［55］ 刘瑞玉，任先秋.中国动物志：甲壳动物亚门[M].北京：科学出版社，2007.

［56］ 罗敏.江苏海域浒苔绿潮分布及对生态系统的影响[J].环境与发展，2019，31（11）：177-179.

［57］ 马浩，忠辉.海洋在气候调节中的作用[J].中国科技纵横，2010，24：267-268.

［58］ 马永存，徐韧，何培民，等.长江口低氧区及邻近海域浮游植物群落初步研究[J].上海海洋大学学报，2013，22（06）：903-911.

［59］ 欧徵龙，王德祥，陈军，等.2种海绵移植块周年生长的观测[J].厦门大学学报（自然科学版），2016，55（05）：654-660.

［60］ 裴祖南.中国动物志：腔肠动物门[M].北京：科学出版社，1998.

［61］ 齐钟彦，马绣同，王祯瑞，等.黄渤海的软体动物[M].北京：农业出版社，1989.

［62］ 秦松，丁玲.专家论海洋生物基因资源的研究与利用[J].生物学杂志，2006，23（1）：1-4，16.

［63］ 曲长凤，宋金明，李宁.水母消亡对海洋生态环境的影响[J].生态学报，2015，35（18）：6224-6232.

［64］　任先秋.中国动物志：甲壳动物亚门：钩虾亚目（一）[M].北京：科学出版社，2006.

［65］　任先秋.中国动物志：甲壳动物亚门：钩虾亚目（二）[M].北京：科学出版社，2012.

［66］　沈嘉瑞，戴爱云.中国动物图谱：甲壳动物（第二册）[M].北京：科学出版社，1964.

［67］　宋海棠，俞存根，薛利建，等.东海经济虾蟹类[M].北京：海洋出版社，2006.

［68］　孙松.对黄、东海水母暴发机理的新认知[J].海洋与湖沼，2012，43（03）：406-410.

［69］　孙伟，汤宪春，徐艳东，等.山东省沿岸海域海洋垃圾分布、组成和变化特征[J].科学
　　　　技术与工程，2016，16（18）：89-94.

［70］　孙晓霞.海洋微塑料生态风险研究进展与展望[J].地球科学进展，2016，31（06）：
　　　　560-566.

［71］　汪思茹，殷克东，蔡卫君，等.海洋酸化生态学研究进展[J].生态学报，2012，32（18）：
　　　　5859-5869.

［72］　王大卫，沈文星，汪浩.互花米草入侵对东部沿海生境的影响[J].生物学杂志，2020，
　　　　37（06）：104-107.

［73］　王延明，李道季，方涛，等.长江口及邻近海域底栖生物分布及与低氧区的关系研究
　　　　[J].海洋环境科学，2008（02）：139-143.

［74］　王祯瑞.中国动物志：软体动物门[M].北京：科学出版社，2002.

［75］　吴丹丹，葛晨东，许鑫，等.厦门海岸工程对岸线变迁及海洋环境的影响研究[J].环境
　　　　科学与管理，2011，36（10）：67-71.

［76］　徐凤山，张素萍.中国海产双壳类图志[M].北京：科学出版社，2008.

［77］　许林之.我国海洋垃圾监测与评价[J].环境保护，2008（19）：67-68.

［78］　颜凤，李宁，杨文，等.围填海对湿地水鸟种群、行为和栖息地的影响.生态学杂志，
　　　　2017，36（07）：2045-2051.

［79］　杨陆飞，陈琳琳，李晓静，等.烟台牟平海洋牧场季节性低氧对大型底栖动物群落的生
　　　　态效应[J].生物多样性，2019，27（02）：200-210.

［80］　杨越，陈玲，薛澜.寻找全球问题的中国方案：海洋塑料垃圾及微塑料污染治理体系的
　　　　问题与对策[J].中国人口·资源与环境，2020，30（10）：45-52.

［81］　姚云，沈志良.胶州湾海水富营养化水平评价[J].海洋科学，2004（06）：14-17.

［82］　魏崇德，陈永寿.浙江动物志甲壳类[M].杭州：浙江科学技术出版社，1991，481.

［83］　叶孙忠，张壮丽，叶泉土，等.闽东北外海鹰爪虾数量的时空分布及其生物学特性[J].
　　　　福建水产，2012，34（2）：141-146.

［84］ 张典，俞炜炜，陈彬，等.厦门湾海洋塑料垃圾对中华白海豚的摄食风险评价 [J]. 中国
　　　 环境科学，2020，40（04）：1809-1818.

［85］ 张芳，孙松，李超伦.海洋水母类生态学研究进展 [J]. 自然科学进展，2009，19（02）：
　　　 121-130.

［86］ 中华人民共和国生态环境部.2018年中国海洋生态环境状况公报 [J]. 北京：中华人民共
　　　 和国生态环境部，2019.

［87］ 赵正阶.中国鸟类志 [M].吉林科学技术出版社，2001.

后 记

从获知本丛书立项开始编写到完成虽然仅用两年的时间，但却包含了所有编者数十年的积累及收藏，是大家共同努力的结果。从本书的章节设计到物种的选择，都经过了参与编写人员的充分讨论。本卷编写过程，编者不但奉献了各自掌握的知识，系统整理了渤海和黄海常见海洋物种的分类系统学和动物地理学信息，而且也成为了互相学习、开阔眼界的过程。

海洋中的物种不同于陆地，想要得到原生态的照片非常困难，必须克服海水的阻隔。尽管我们竭尽所能、竭尽所藏，也未能将所有选入物种新鲜标本的照片收集齐全，只能对一些种的馆藏标本拍照予以补充。我们力求将更多物种最真实自然、最美的样貌展示给读者，但受限于积累及沉淀，特别是我们对海鸟、海兽、海洋爬行动物图片的积累太过缺乏，着实遗憾。我们真诚希望今后能有机会弥补。也真诚地希望海洋生物爱好者、同行、专家等，将收藏的原生态海洋生物图片提供（有偿或无偿都欢迎）给我们，以便再版时纳入。提前表示感谢。

本书物种的拉丁名主要依据"World Register of Marine Species"（WoRMS）网站，中文名称则主要依据刘瑞玉（2008）主编的《中国海洋生物名录》、李新正等（2010）的《中国海洋大型底栖生物》、李新正和甘志彬（2022）主编的《中国近海底栖动物常见种名录》、相关《中国动物志》《中国海藻志》等专著中使用的名称。

希望本书的出版能为我国海洋生物多样性保护和海洋生态环境修复提供科学支撑，同时增强公众对海洋生物的科学认知及保护意识。

李新正　　　　隋吉星

于青岛
2023年12月